住房和城乡建设领域"十四五"热点培训教材

假山数字化测绘技术

李　胜　主编
陈云文　楼建勇　副主编

中国建筑工业出版社

图书在版编目（CIP）数据

假山数字化测绘技术 / 李胜主编；陈云文，楼建勇
副主编 . —北京：中国建筑工业出版社，2024. 7.
（住房和城乡建设领域"十四五"热点培训教材）
ISBN 978-7-112-30160-7

Ⅰ. TU986.4；P2

中国国家版本馆 CIP 数据核字第 2024PT7577 号

责任编辑：杜　洁
文字编辑：周志扬
责任校对：赵　力

住房和城乡建设领域"十四五"热点培训教材

假山数字化测绘技术

李　胜　主编
陈云文　楼建勇　副主编

*

中国建筑工业出版社出版、发行（北京海淀三里河路9号）
各地新华书店、建筑书店经销
北京方舟正佳图文设计有限公司制版
河北鹏润印刷有限公司印刷

*

开本：787毫米×1092毫米　1／16　印张：13½　字数：251千字
2024年8月第一版　2024年8月第一次印刷
定价：**85.00**元
ISBN 978-7-112-30160-7
（42857）

编 委 会

主　编：李　胜

副主编：陈云文　楼建勇

参　编：祁　浩　包泽辉　项　杰　沈国沅　陶思怡

　　　　韩淑芬　吕雄伟　吴海霞　钱小平　茹溢彬

　　　　龙松亮　洪　泉　张敏霞　叶可陌

序

据记载，在中国，以石叠山开始于南北朝，繁荣于唐宋，鼎盛于明清，至今已有1600多年的历史。假山是中国传统园林的主景之一，与山水造景密切相关，现存诸多杰出作品，如狮子林假山、环秀山庄假山、豫园"玉玲珑"假山、个园四季假山、北海公园静心斋假山等。叠石造山技艺的高低是假山呈现效果优劣的关键因素。在叠山活动鼎盛的清代出现了张南阳、张南垣、戈裕良等叠山大师，张南阳主张"见石不露土"，运用大量的黄石堆叠，或用少量的山石散置；张南垣以画意叠石筑山，主张以截取大山一角而让人联想大山整体形象的做法；戈裕良创造了体形大、腹空、中构洞壑、涧谷的乾隆、嘉庆年间作风的假山。明代计成《园冶》中也有"掇山"篇章，"掇山之始，桩木为先，较其短长，察乎虚实……"随着园林不断发展演变，园中的假山营造亦需要在继承上得到发展，如贝聿铭设计的苏州博物馆主庭院以壁为纸，以石为绘，使得片石叠山的手法在现代景观设计中兴起；山石韩用玻璃纤维增强水泥替代自然石制作奥林匹克森林公园"林泉高致"景区茶室假山，将叠山活动环保化。

但不论是古代还是现代，有关假山叠石的专业书籍屈指可数，而且大多是围绕理论和营造方面展开。对于如何精准测绘不规则的假山，尤其是如何利用日新月异的现代数字化技术，快速科学合理地记录假山外形、规模、尺寸等测绘方法的教学书籍，相对匮乏。近10年，古丽圆、张青萍、梁慧琳、张勃、秦柯、杨晨等学者及其团队用测绘实例辩证地讨论过三维数字技术在假山测绘中运用的可行性，一致认为无人机航拍器和摄影测量法的结合能够给园林测量（尤其是对假山等不规则对象的测量）带来划时代的变革。从而解决传统方法测量不准或无法测量的问题，有利于园林遗产的保护传承。

本书主编硕士毕业于北京林业大学，后一直在浙江农林大学从事园林工程科学技术的教学和研究工作，对园林文化遗产具有浓厚兴趣。在研究过程中，他深感众多的园林文化遗产很难被客观地记录下来，于是他与浙江大学学者、浙江一线著名叠山专家一起，经过不断地尝试对比与探索实践，共同编写该书，用于指导园林中诸如假山等较为复杂对象的测绘教学。这是他自出版第一本工程技术教材《园林驳岸构造设计与案例解析》后，沉淀 12 年，主编再出版的又一本工程技术教材，及时填补了数字化技术测绘假山类书籍的空白。

整个编写团队敢于尝试，克服了各种困难，对杭州传统假山置石进行了充分、科学的数字化测绘，对比多种外业、内业作业方法和海量成果，构建适合于不同类型假山置石的测绘方法及组合模式，通过对具体案例和操作流程的介绍，形成一套针对性和实用性强的假山数字测绘技法集群。

相信此书可以成为风景园林、园林、环境设计等相关专业的补充教材，同时能为中国假山测绘、园林考古及文化遗产保护人士提供参考借鉴。希望编写团队以此为新的起点，继续在假山数字化测绘技术、假山遗产保护和遗产活化等相关研究中取得新的突破和成果。

中国风景园林学会副理事长
《中国园林》杂志社社长、常务副主编
浙江农林大学教授、博士生导师
金荷仙
2024 年 7 月 19 日

自 序

据一园之形胜者，莫如山，无山不成园。假山作为中国传统园林造景的特有元素，是最独特、最灵活、最具技术文化性而延续至今的"国粹技艺"。然而，随着时代的发展和现代化进程的加速，传统园林假山的保护与传承面临着前所未有的挑战和压力。为保护和传承这些珍贵的文化遗产，让意愿从事假山遗存保护的人士更快掌握假山测绘技能，本书应运而生。

本书旨在为读者介绍数字化测绘技术在传统园林假山领域的应用，为传统园林文化遗产提供新的保护与传承思路和方法。过程中，笔者汲取了近景摄影技术、倾斜摄影技术、三维扫描技术和3D打印技术等多种前沿技术的精华，让数字化测绘技术可以在传统园林文化遗产保护中发挥更好、更高效的作用。

本书共分为5个章节，详细介绍在园林假山中目前较为便捷的各类数字化测绘技术，并提供相应教程。第1章"引言"着重介绍传统园林假山测绘技术的发展历程，探讨数字化测绘在传统园林假山保护中的重要意义；第2章"摄影与测绘技术"探讨如何运用各类摄影技术捕捉园林假山外部细节，着重介绍如何利用激光扫描、结构光扫描等技术将园林假山精确地还原成数字化模型；第3章"3D打印技术"在获取到前2章测绘数据的基础上，介绍如何运用3D打印技术按照比例打印出真实的园林假山模型；第4章"测绘实践"通过实际案例全过程介绍不同的假山、置石对象所采用的适合方法和技术；第5章"测绘成果"介绍基于前4章成果可以尝试运用的展示方式。

本书编写团队在外业和内业中分别采集和自绘了上万张图片，除书中注明外，均为本团队人员拍摄和绘制。

在本书编写过程中，笔者充分借鉴了国内外学术界在数字化测绘的前沿成果。通过实践对比，筛选出目前外业和内业的最佳适用路径，实现最便捷的成果呈现。在整个过程中，笔者也得到了很多人的帮助，尤其是北京清华同衡规划设计研究院有限公司总工程师安友丰老师，浙江农林大学金荷仙教授、王欣教授、张蕊副教授，另外也要感谢杭州市园林文物局、杭州市园林绿化发展中心、杭州市非物质文化遗产保护中心，以及所有给予笔者支持和帮助的专家学者及相关机构。

最后，笔者由衷希望本书能够为风景园林学、园林专业的高校师生、相关从业者及园林文化爱好者提供有益的参考与借鉴，推动更多人士愿意投身于假山数字化测绘及研究中，为传统文化遗产和非物质文化遗产提供更好的传承和保护。

愿大家共同努力，共享传统园林文化的珍贵遗产，让传统园林假山在数字时代绽放新的光芒。

李桦

2023 年 11 月 26 日

目 录

第1章 引　言

1.1　假山测绘技术发展

1.2　假山数字化测绘的意义

1.1 假山测绘技术发展

1.1.1 古代假山绘制与表达

古代造园师缺少现代精密的测量技术，通常会采用观察和想象的方法，结合对自然山石的了解，来塑造假山的形态。他们会运用绘画来描绘山石的形状、纹理和颜色，通过艺术手法来表现假山的气质与特征。

在早期山水花鸟名画中，就有对置石的细致绘制，如《秋庭婴戏图》（图 1-1）、《冬日婴戏图》（图 1-2）、《傀儡婴戏图》（图 1-3）等。画家苏汉臣《秋庭婴戏图》运用写实细腻的手法，使用皴、擦、点、染等绘画技巧，将假山石的形态和特征表现得栩栩如生，巧妙地运用白色花朵来柔化假山的阳刚气质，使其与园林场景融为一体，营造出和谐的画面氛围。

图 1-1 《秋庭婴戏图》　　　　图 1-2 《冬日婴戏图》　　　　图 1-3 《傀儡婴戏图》

除在人物、山水场景中以假山石作为背景之外，绘画中也有对奇石的专门绘制，多为石谱的白描形式。古籍中关于石谱的著作十分丰富，自北宋开始，有《宣和石谱》、杜绾《云林石谱》、范成大《太湖石志》、林有麟《素园石谱》、李渔《芥子园画谱·山石谱》、马汶《绉云石图记》等石谱图记，层出不穷。其中，由宋代杜绾撰写的《云林石谱》是我国现存的一部内容最完整、最丰富的古代石谱，共3卷，约1.4万字，于绍兴三年（1133年）

写成，所记石品共 116 种，详略不等地叙述了产地、采取方法、形状、颜色、质地优劣、敲击声、坚硬程度、纹理、光泽、晶形、透明度、吸湿性、用途等。该书还谈到了石头的风化作用和侵蚀作用，这是继北宋科学家沈括的《梦溪笔谈》以后，对某些地质现象成因的首次明确叙述，特别是对化石（石鱼、石燕）描述，比前人前进了一大步。

　　古画中亦有对石峰描绘十分详细的巨作，最具代表性的当属宋徽宗赵佶的《祥龙石图》（图 1-4）。绘画中是宫苑内一块珍奇的石——祥龙石，它那"腾涌龙出"的"巧容奇态"，引起了宋徽宗的注意，便亲自把它绘在缣素之上，并作一首律诗加以赞美。这块石头，并未用一般皴擦的画法，而是用水墨层层渍染而成，让奇石更显坚厚湿润和玲珑透别。画中不仅表现出奇石"彼美蜿蜒势若龙"的奇态，亦显"云凝好色""水润清辉"的灵秀之气；另外石上小池辅以嘉木异卉，为这块美石增色不少。

图 1-4　北宋赵佶《翔龙石图》

　　人们皆知明末文人米万钟对奇石收藏的热情。他藏有一块灵璧石，名为"非非石"，尽管体积不大，高一尺八寸，但其独特之处在于各个面都可显示出奇异之美。米万钟钟情于此石，想要充分展现其美妙之处。因此，他请来画家吴彬为"非非石"绘制画作。《十面灵璧图》（图 1-5）由此诞生，此画从 10 个不同的角度记录了"非非石"的形态，包括石头底座。吴彬运用精湛的绘画技巧，栩栩如生地展现了"非非石"的形态与神态，使画作极为真实生动。绘画完成后，米万钟欢天喜地地邀请了许多文人墨客前来赏析，并为此画题诗。这一盛事在当时的文化界引起了巨大反响，名声传扬开来，成为一段不朽的文化佳话。

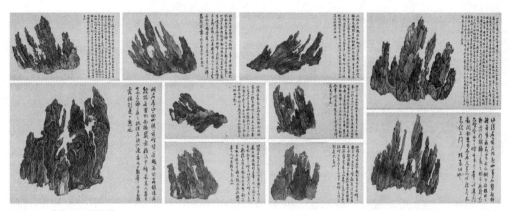

图 1-5 《十面灵璧图》

尽管古代假山测绘技术有限，但通过绘画的方式，仍能展现出假山的独特魅力。这些古代绘画作品不仅是园林艺术的珍贵遗产，也是我们了解古代园林文化和审美观的重要窗口。

1.1.2 近代假山测绘与表达

1. 近代假山测绘

自第一次工业革命后，开始出现不少用于测绘的仪器设备。依托于此，假山测绘开始更为科学严谨。这时期的假山草图测绘采用目测绘图、卷尺测量，以及相关测量仪器（手持经纬仪）相结合的方法，用于绘制假山的外形轮廓以及叠置层次的主要块体轮廓。下面分别举例说明当时平面图和立面图的测绘过程。

1）平面图的测绘

假山平面图的绘制，需要从鸟瞰视角来看假山的地形布局，具体步骤如下：

（1）小罗盘仪定位标定

首先使用小罗盘仪确定方向，然后在现场选择一些显著的地点标定坐标点，再通过这些坐标点确定其他点位。

（2）假山外包平面测量

使用罗盘照准仪来保持准确的方向，然后使用小标杆和皮尺来测量假山外包地形的尺寸，包括长度和宽度。

（3）选择比例尺与绘制

在图纸上选择适当的比例尺，例如 1 ∶ 10、1 ∶ 20、1 ∶ 40、1 ∶ 50 等，然后按照比例将外包地形绘制在图纸上，通常为矩形。

（4）设定方格网并标记导线点位置

在图纸上设定方格网或导线网格，以便绘制假山平面曲线图形，并在图纸上标记数字或字母表示导线点位置。

（5）绘制假山平面曲线图形

使用皮尺在图纸上按照导线点位置连接原外包地形线，从而绘制出假山的平面曲线图形。

（6）写生法绘制主要外轮廓

对于每个主要块体，通过目测绘制其外形轮廓，并将其绘制在图纸上，增添立体感和质感。

2）立面图或侧面图的测绘

假山立面图（或侧面图）的绘制，需要从侧面来看假山的外形和结构。

（1）目测比例法测量立面轮廓

通过目测比例法测量各峰石与横向或竖向叠置的层状假山块体的立面轮廓。同时，使用手持经纬仪测量（竖直角）角度，然后使用皮尺测量水平距离从而计算（三角函数）出高度。

（2）目测写生法绘制块体外形轮廓

根据测得的立面轮廓数据，通过目测写生法将上述横向或竖向假山块体外形轮廓绘制在图纸上，适当加绘石体的节理纹路以突显立体特征和质感。

（3）剖切处测量与剖面图绘制

首先测量石体剖切处的厚度尺寸，然后使用投影剖面图的方法绘制石块的剖面图。

通过以上步骤，可绘制出假山的平面图、立面图、剖面图，展现假山的整体形态和细节结构。这种假山草图测绘方法结合了多种测量和绘图技巧，能够较为准确地表现出假山的特征和风貌。

2. 近代假山表达

近代对于假山的表达手法仍然以二维图像为主，掇山工匠和相关学者在描绘假山时，常以平、立面图为辅助，用以规划和表现假山的形态特征。

孙俭争编著的《古建筑假山》中，有对"江南四大名石"之一——冠云峰的描绘，意在展现其透、漏、瘦、皱等特点，形状也较为接近真实情况，但仍存在一些不准确之处，例如石峰孔洞的大小有明显偏差，其轮廓也稍有差异。这些绘画虽然尽力还原了冠云峰的特质，但由于绘画表现受限于主观因素，仍然难以完美地再现真实细节（图1-6）。

韩良顺编著的《山石韩叠山技艺》中，通过大量的山石绘制图像详细描述了假山施工方面的内容（图1-7）。这些二维图像细致地描绘了假山的基础结构，标注了各个结构层的尺寸、材料等关键信息，有助于读者深入理解假山的构造方式。这些图像的绘制对假山技艺的传承有着重要作用，不仅能帮助艺术家和工匠更好地理解名园假山的设计构思，也能为后来者提供宝贵的参考资料。

陈从周先生的《扬州园林》一书里，笔者就运用了投影立面图的形式来表现假山特征（图1-8）。刘先觉、潘谷西主编的《江南园林图录》里也有大量的园林测绘图，其所测绘的是园林整体的立面和剖面，里面含盖了园林植物、建筑与假山石，由于建筑的绘制遵循了正交投影画法，植物与假山石更多作为配景，三者相结合共同展现了园林绝佳的庭院空间效果。

现代园林设计过程中，除了采用平、立、剖面表达掇山设计外，还依托假山模型来更全面的表达设计构思和空间关系。孟兆祯先生为北京奥林匹克森林公园设计假山"林

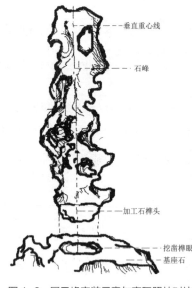

图1-6　冠云峰安装示意与实际照片对比

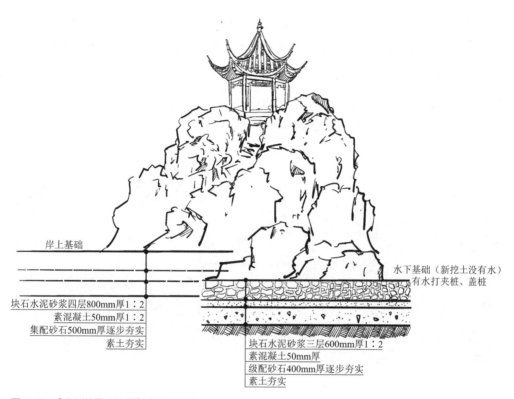

岸上基础

水下基础（新挖土没有水）
有水打夹桩、盖桩

块石水泥砂浆四层800mm厚1∶2
素混凝土50mm厚1∶2
集配砂石500mm厚逐步夯实
素土夯实

块石水泥砂浆三层600mm厚1∶2
素混凝土50mm厚
级配砂石400mm厚逐步夯实
素土夯实

图 1-7　《山石韩叠山技艺》中施工示意

图 1-8　冠云峰庭院北视剖面局部

泉高致"［图1-9（a）］时就制作了模型，即使用烙铁在塑料泡沫上塑制而成［图1-9（b）］。通过模型制作来构思推敲，有利于更好地呈现设计意图，精准地控制空间尺度和意向情趣，帮助设计者和施工者更直观地了解预期效果，并有效控制施工过程。假山模型应用充分体现了现代园林设计过程中技术手段的创新，使掇山工艺得到更加精准的实践，使园林假山景观的营造更加便利。

（a） （b）

图1-9 "林泉高致"实际照片与模型对比
（a）实际照片；（b）模型

1.1.3 当代假山测绘与表达

近年来，传统测绘方法在中国园林中的应用越来越多。然而，传统测绘方法对于形态不规则的测绘对象，如对假山、池沼等对象依然无法做到准确测量。20世纪末，为解决平板仪在地形测量中无法提供精确测绘结果的问题，开始使用无人机飞行器以及三维数字技术进行数据的采集和处理。目前，三维数字技术和摄影测量技术已被广泛应用到考古、建筑勘测和地质勘察等多个领域。自2011年起，笔者围绕苏州古典园林展开测绘教学，迄今成果已涵盖艺圃、环秀山庄、耦园、怡园、沧浪亭、网师园、曲园等诸多名园。在利用传统光电仪器获取数据以满足本科教学需要基础上，也尝试使用三维激光扫描等手段采集其中几个代表性案例的点云信息，以探索新的信息采集和图面表达方式（图1-10）。当代假山相关测绘技术极大提高了类似假山等不规则园林要素测绘数据的精确度、完整度及工作效率。

图 1-10　环秀山庄点云模型

1.2 假山数字化测绘的意义

数字化测绘技术为假山的设计、保护、教育、推广、检测、修缮等工作提供了许多便利。在过去的几十年里，计算机技术和三维建模技术不断发展，数字化测绘技术在文化遗产保护、现代设计，以及教育推广领域都扮演着愈加重要角色。本书聚焦于数字化测绘技术在假山测绘方面的应用和意义，并强调它在文化遗产保护、设计效率提升、加强教育与推广方面的作用。

1.2.1 准确度和高精度

数字化测绘技术能够提供高准确度的测量数据，确保对假山形状、尺寸、比例和细节的精确测量。传统的假山测绘需要依靠手工测量、目测和绘制，容易出现误差甚至错误。而数字化测绘技术借助高精度的激光扫描和影像测量，能够快速、准确地获取假山的三维数据。这对于假山的检测和修缮工作至关重要，可以确保数据符合原始设计意图，并保持最佳的美学效果。

数字化测绘技术的高精度使假山测绘过程能够更好地保留和传承园林师傅的精湛技艺。在依托师傅手艺和经验的"假山叠石非遗技艺"基础上，增加数字化的技艺记录与精确化的学习模式。通过数字化测绘技术，实现传统园林技艺与现代科技的有机结合。

1.2.2 可视化和可模拟

通过数字化测绘技术，可以将假山以 3D 模型的形式进行可视化展示，使设计师和维护人员能够更好地理解和分析假山的结构、特征和细节。数字化模型不仅能在计算机中展示假山外观，还可以进行动态模拟，模拟假山在不同环境条件下的表现。即可以模拟不同季节、植物配置、气候条件下假山的不同意境，帮助专业人员做出更好的设计和管理决策。

通过数字化模拟，也可以更直观地展现不同设计方案对于整体园林氛围和观赏效果的影响。设计师可以通过修改数字模型来快速尝试不同的设计，进行实时对比和评估，大大提高了设计效率。例如，在设计庭院或公园时，数字化测绘技术可以帮助设计师模拟在不同季节、日照条件和人流量下，假山的视觉效果和观赏体验，从而优化设计方案。

1.2.3　遗产保护和管理维护

数字化测绘技术可以保护和保存濒临消失的古老假山遗存。许多传统园林和假山由于年代久远、材料老化、疏于管理等原因，正被破坏和腐蚀。通过数字化测绘技术，可对假山全面记录和三维建模，保留其原有风貌和文化特色。一旦数据得到妥善保存，即使原有作品遭受破坏，也能通过数字化模型进行修复和重建。数字化测绘技术还可以保护假山的历史文化资源，即通过对假山及其所在园林的数字化测绘，可以准确地记录假山所处的文化环境，如其所在的园林布局、周边建筑等。

此外，数字化测绘技术可以为假山的维护和管理提供便利。传统上，园林的维护可能需要实地勘测，而数字化测绘技术可以实现全方位的数据采集和记录。使维护人员能够更好地了解假山的结构和细节，指导养护工作。数字化测绘技术还可以帮助管理部门制定假山的维护方案，预测假山的老化和损耗情况，提前做好保养工作，延长假山的使用寿命。

1.2.4　科普教育与文化推广

通过数字化测绘技术，可以为传统园林假山的科普推广工作提供丰富和准确的内容和互动体验。数字化模型可结合虚拟现实技术在博物馆、文化遗产保护中心等场所展示假山的形态、历史、文化背景等。观众可以通过虚拟现实眼镜或交互式屏幕，切身感受到假山美景，了解其设计构造和文化内涵，吸引更多人关注假山文化，增强公众对园林假山艺术的认知。

数字化测绘技术在推广过程中还可以帮助人们了解到不同时期和不同地区假山遗产的变迁与风格技艺的演变。在数字化测绘技术的支持下，可采用假山艺术展、假山工作坊等多种方式进行文化推广活动，让专业人士和公众能够深入了解假山的历史、设计、构造、制作工艺，以及匠人故事。此外，数字化测绘技术还可以将假山文化及园林艺术推广到全球，带动园林文化交流与合作，促进园林产业发展。

综上所述，数字化测绘技术在假山测绘方面的应用对于保护文化遗产、提升设计效率、加强教育与推广等层面都具有重要意义。在传承和保护传统园林文化的同时，也为未来的假山设计与建设提供了更多可能性，让公众可以更好地欣赏这一独特的文化艺术。同时，数字化测绘技术的应用和发展，需要政府、学术机构和产业界的共同努力，以保护和传承假山文化，推动园林艺术的繁荣发展。

第 2 章　摄影与测绘技术

2.1　近景摄影技术

2.1.1　概述

1. 概念

近景摄影技术是摄影测量学与遥感学的一个重要分支学科，其主要目标是通过使用摄影手段来确定目标（通常指地形以外的物体）的外形和运动状态。与遥感技术相比，近景摄影技术更专注于在相对较近的距离（一般指 100m 以内），通过拍摄目标图像并经过加工处理，获得目标的大小、形态和几何位置等准确测量信息。

可以根据摄影机的性质将近景摄影技术分为两类：量测相机和非量测相机。量测相机具有较高的测量精度，通常用于进行精确测量和 3D 模型重建等，使用量测相机进行摄影时，有以下 3 种常见的摄影方式。

1）正直摄影

摄影机的光轴垂直于水平面，并指向地面上的固定点进行摄影。这种摄影方式适用于对地面上的目标进行高精度测量和建模，例如用于工程测量、地形测绘等［图 2-1（a）］。

2）等偏摄影

即摄影机的光轴与水平面之间存在一个固定角度，通常为非垂直状态。等偏摄影广泛应用于建筑设计、城市规划等领域，可以有效获取目标物体的水平位置信息［图 2-1（b）］。

3）交向摄影

摄影机的光轴与水平面之间可在一定范围内自由倾斜，进而获取多个角度的照片。交向摄影常用于三维重建、计算机视觉等应用中，可以得到更多视角下的图像信息，提高模型的精度和全面性［图 2-1（c）］。

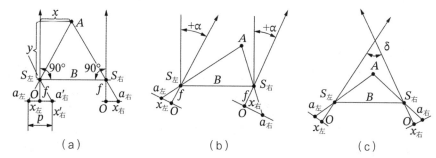

图 2-1　常见的摄影方式

（a）正直摄影；（b）等偏摄影；（c）交向摄影

2. 基本原理

近景摄影技术是基于摄影测量原理的应用，摄影测量即通过相机成像来获取目标位置和形态信息的测量方法。为方便读者理解与实践，本书从相机内外参数及坐标系转换两方面简要叙述。

在近景摄影测量中，相机作为测量工具，利用光学投影原理将三维物体映射到二维相片上。为实现准确测量，需要考虑相机内外参数的影响。相机的内参数包括焦距、主点位置、像点的像元大小等，这些参数决定了相机的成像几何特性。相机的外参数是指相机的位置和方向参数，即相机在空间中的位置和朝向。

在进行近景摄影测量时，需要通过标定相机内外参数，确保图像上的像点和实际物点之间建立准确的映射关系。当在相片上测量像点位置时，就能通过相机的内外参数得到相应的三维物点坐标，从而实现近景物体的三维测量。

近景摄影技术主要涉及 4 个坐标系之间的变换：像平面坐标系 P–xy、像空间坐标系 S–xyz、像空间辅助坐标系 S–XYZ 和物方坐标系 D–XYZ。

1）像平面坐标系 P–xy

指相机的成像平面，是相片上观察到的二维像点坐标系。

2）像空间坐标系 S–xyz

指相机坐标系，其中 x 轴和 y 轴与像平面坐标系中的 x 轴和 y 轴平行，z 轴垂直于像平面。

3）像空间辅助坐标系 S–XYZ

指一个辅助坐标系，其在一定程度上连接了物方坐标系和像空间坐标系之间的变换关系。

4）物方坐标系 D–XYZ

指表示实际目标或场景的三维坐标系。

3. 主要仪器设备

近景摄影测量设备包括图像获取设备、图像处理设备，以及摄影测量处理设备。这些设备共同用于获取、处理和分析影像数据，以生成点云模型、深度图、三角网络模型或数字正射影像等成果，并应用于图纸绘制等过程。

1）图像获取设备

图像获取设备主要是指相机，在近景摄影测量中，相机可以用于补充遮挡严重的山石细部纹理或扫描仪无法扫描到的区域，在拍摄时不受被摄物的形状、大小，以及所处位置的限制。之后通过专业软件对采集的影像数据进行处理，可以得到测量成果。

可用于近景摄影测量的相机分为量测相机和非量测相机两类。量测相机的摄影方式有：正直摄影、等偏摄影和交向摄影。量测相机是专业应用于摄影测量的测量工具，特点是框标已经设定，有已知的内方位元素，主距固定。伴随着计算机视觉技术的发展，如今非量测相机已广泛应用于近景摄影测量中。非量测相机不是专为测量目的而设计制造的，其光学性能稍差，没有框标及定向设备，相机畸变大，未知内方位元素，与量测相机相比不稳定。随着算法的不断进步，近年来非量测相机在许多大比例尺测绘图中取得了成功，其价格低廉，可任意调焦，可在室内外应用，可安装在无人机上摄影，可手持摄影，摄影方向可根据需要选择等性能受到市场好评。

2）图像处理设备

图像处理设备在近景摄影测量中起到的作用主要是改善图像的物理特性与几何特性，通过一系列处理步骤提高图像质量和信息提取效率。如噪声衰减技术能有效去除图像中的干扰噪声，从而提高图像清晰度和细节可见度；图像增强技术可以调整图像的对比度和亮度，使目标物体更加鲜明突出；影像分割技术将图像分成不同区域或物体，便于图像后续处理和特征提取；特征提取技术则是通过识别关键特征点，为摄影测量处理提供重要数据；目标识别技术能自动辨识图像中的目标或物体，为进一步的测量和分析奠定基础。这些图像处理技术通常由软件嵌入后的专用硬件完成，确保图像处理速度和效率。

3）摄影测量处理设备

摄影测量处理设备的核心任务是在具有像点坐标的基础上进行对应像点匹配（相关），然后按照常规摄影测量处理方法，求解特征点的空间坐标。这些设备通常由某种阵列处理器、微处理器和专用固化硬件的组合构成，以满足高效率和高精度的处理需求。摄影测量处理设备的稳定和精准直接影响到测量结果的准确和可靠。通过协作，摄影测量数据能够被精确处理和计算，生成点云模型、深度图、三角网络模型或数字正射影像等成果。这些成果进一步应用于图纸绘制过程和其他领域，为工程设计和地理测绘等工作提供重要支持。

4. 特点

近景摄影技术是一种现代测量手段，主要可以完成非接触性测量、高精度测量、大数据获取技术，并且其灵活、多样、高效快捷的特性使其得到广泛应用。

2.1.2 外业作业流程

1. 基本步骤

整套系统应用前需要进行准备工作，内容包括摄像机的选取、皮尺（激光测距仪）的准备。摄像机的选取应根据观测目标的精细度、远近距离等因素而定；也应检查电池电量，避免因更换电池造成摄像机拍摄角度改变，进而影响系统精度。

1）布设监测点

在目标物上布设监测点，监测点布设遵循不在一个平面或曲面上和不均在同一直线上原则。然后使用全站仪采用测回观测法进行监测点观测，坐标系采用相对坐标系（左手坐标系），即 X 方向为竖直方向，Y 方向为水平方向。

2）影像采集

使用相机对目标物分别进行左右侧影像采集，影像采集完成后检查相片成果是否合格，保证影像清晰，如发现采集影像模糊或质量不理想，应立即补拍，直至影像数据满足要求为止。

2. 注意事项

1）确保相机稳定

在近景摄影技术中，相机的稳定性尤其重要，任何微小的相机抖动都会对影像质量产生不利影响。为确保相机的稳定，建议使用三脚架或支架，在低光条件下或使用较长曝光时间时则尤为重要。支架可以防止相机在拍摄过程中晃动，保证影像的稳定和清晰度。此外，使用遥控器或倒计时器来触发快门也可以避免因按下快门按钮而引起的相机抖动。

除了支架，拍摄时的环境因素也要注意。在拍摄时，需选择平稳的地面或使用沙袋等重物固定三脚架，防止其受到其他环境因素的影响。

2）控制曝光和对焦

曝光和对焦是影响影像质量的另外两个重要因素。曝光得当可以确保影像的亮度保持最佳效果，保留细节信息。对于近景摄影测量，建议使用手动曝光模式，通过调整光圈、快门速度和 ISO 值来控制曝光。通过观察直方图和影像预览，逐步优化曝光设置，确保影像的明暗部都有良好的细节和纹理。

对焦是另一重要因素，其影响影像的清晰度和锐度。使用自动对焦时，确保对焦点准确且与建模对象在同一平面上。对于静态场景，建议使用手动对焦，避免因相机自动对焦引起的焦点变化。拍摄复杂场景时，使用调试距离范围或深度场景预览等辅助手段，帮助确定对焦位置，确保影像清晰。

另外，注意环境光照的变化可能会影响曝光和对焦设置。在高对比度的拍摄环境下，可以考虑使用曝光补偿或高动态范围（HDR）技术，确保影像中的高光和阴影部分都得到适当曝光。

3）控制重叠度

重叠度是指相邻影像之间的共同区域比例。在近景摄影测量中，控制重叠度在一合理范围对于后续影像匹配和融合至关重要。足够的重叠度有助于确保建模的连续和完整，可减少建模过程中出现的断层和空洞问题。拍摄过程中，要特别注意相邻影像之间的重叠度，通常保持在 50% ~ 60% 之间。

较高的重叠度可以提供更多的共同特征点，但也会增加数据量和处理时间。因此，根据实际建模需求，即场景复杂程度和计算资源选择合适的重叠度。控制重叠度的大小，可通过调整相机位置和角度来实现。

4）多角度拍摄

多角度拍摄是指从不同方向和角度对建模对象进行拍摄。对于复杂的建模对象或重要的细节部分，多角度拍摄可以增加影像的覆盖范围，提供更全面的信息。不同角度的影像可以捕捉建模对象的不同侧面和特征，有助于提高建模的准确性和细节表现。

在进行多角度拍摄时，需要特别注意相机位置和角度变化。通过固定相机位置并围绕建模对象旋转相机，或者移动相机位置并采用固定的拍摄角度，都可以实现多角度拍摄。使用专业影像处理软件时，将多个角度的影像进行对齐和配准，获得更完整的建模结果。

5）影像质量校正

影像质量校正是为了纠正相机镜头畸变和其他影像质量问题。镜头畸变是相机镜头光学性质导致的影像失真，影响建模准确。常见的镜头畸变包括径向畸变和切向畸变。通过使用专业影像处理软件，可以对影像进行畸变校正，提高影像的准确性和一致性。

影像质量校正还包括去除影像中的噪点和伪影。在拍摄过程中，可能会因为光照条件、传感器噪声或其他因素导致影像中出现噪点或伪影，进而影响建模的准确性。通过影像质量校正，可以去除这些干扰因素，提高影像的质量和准确性。

总而言之，近景摄影技术的拍摄阶段是确保后续建模和分析成功的关键步骤。通过确保相机稳定、控制曝光和对焦、控制重叠度、多角度拍摄，以及影像质量校正，可以获得高质量的影像数据，为获得高质量成果奠定基础。

2.1.3 内业作业流程

1. 数据处理软件

在完成摄影测量的外业任务后，需要使用采集到的数字照片来完成测量目标的 3D 模型重建。其中使用到的软件大多基于照片建模技术完成对数据的处理。照片建模技术弥补了传统建模方法的不足，并且操作简单，时间和人工成本低，对硬件要求不高，不受空间限制，多应用于 3D 打印、广告制作、虚拟现实、影视制作等领域。基于该技术的相关软件众多，如 Agisoft Metashape、Autodesk 123D Catch、Reality Capture、Meshroom、Photo Modeler 等。

1）Agisoft Metashape

适用于航空摄影测量、近景摄影测量。Agisoft PhotoScan 应用程序现已更名为"Agisoft Metashape"，目前已更新到"Agisoft Metashape 2.0.2"版本［图 2-2（a）、图 2-2（b）］。该软件为俄罗斯公司 Agisoft 开发的一款基于影像自动生成高质量 3D 模型的独立的软件产品，其能够在计算机上单机运行，程序运行稳定，且能和其他图形图像处理软件配合使用。该软件可以根据多视图三维重建技术，对任意照片进行处理，通过控制点生成具有真实坐标的 3D 模型，进而生成高分辨率真实坐标的正射影像及带有精细色彩纹理的数字高程模型（DEM）。完全自动化的工作流程，即便非专业人员也能在计算机上处理大量的影像数据。

Agisoft Metashape 应用程序支持输入格式包括：JEPG、TIFF、PNG、BMP、JEPG、MPO（Multi Picture Object），输出格式包括：GeoTiff、xyz、Google KML、COLLADA、VRML、Wavefront OBJ、PLY、3DS Max、Universal 3D、PDF。

2）Autodesk 123D Catch

由美国 Autodesk 公司发布的 Autodesk 123D 应用程序拥有 6 款工具，包括 123D Catch、123D Creature、123D Design、123D Make、123D Sculpt，以及 Tinckercad。其中 Autodesk 123D Catch 是建模软件的重点，用户可以使用相机或手机将拍摄的数字照片上传到云端服务器，软件利用云计算将照片内容处理为 3D 模型，并且自动附带纹理信息［图 2-2（c）］。该应用程序内置共享功能，用户能够在移动端及社交平台上共享动画。

3）Reality Capture

适用于航空摄影测量、近景摄影测量。由 Capturing Reality 公司开发的 Reality Capture 是一款领先的摄影测量软件。该软件以数据处理速度快和准确性高而著称，是

第一款允许对无接缝的激光扫描和无序的照片进行全自动组合来创建 3D 模型的软件
［图 2-2（d）］。

Reality Capture 软件会考虑单个摄像机的位置、方向以及 PPK（后处理技术）/RTK（实
时动态）等其他参数的不同精度。此外，用户可以通过编辑 XML 文件进行自定义导入
程序，从自己的 PPK/RTK 无人机读取飞行日志，大幅度减少用户直接在该软件中进行
现场工作和后期处理的时间。

4）Meshroom

适用于航空摄影测量、近景摄影测量。Meshroom 是一款基于 AliceVision 框架的免
费开源摄影测量插件，插件可以通过不同角度的数字图像重建生成 3D 模型，Autodesk
Maya 的用户可以在三维建模器中免费安装 Meshroom 插件进行使用［图 2-2（e）］。
Meshroom 插件在整个工作流程中都可以使用流程图自由组合与控制，能够完成相机内
定向、相机相对定向、密集匹配、构建网格，以及纹理映射等功能，模型输出的格式为
OBJ。

5）Photo Modeler

适用于航空摄影测量、近景摄影测量。Photo Modeler 是由美国 EOS 公司研发的

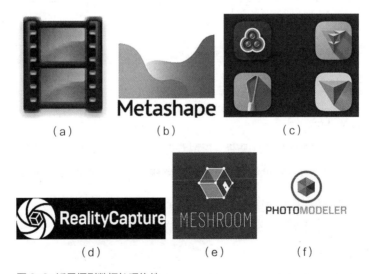

图 2-2 近景摄影数据处理软件
（a）Agisoft PhotoScan；（b）Agisoft Metashape；
（c）Autodesk 123D Catch；（d）Reality Capture；
（e）Meshroom；（f）Photo Modeler

一款近景摄影测量软件，该软件建模速度快，操作简单，可支持普通数码相机，无需测量照相机空间位置和使用摄影经纬仪［图 2-2（f）］。Photo Modeler 软件包括 PhotoModeler Pro 和 PhotoModeler Scanner 两个模式，其中 PhotoModeler Pro 具有校验功能、标准功能、自动编码目标功能和快速设定功能 4 种工作环境。PhotoModeler Scanner 在 PhotoModeler Pro 的基础上增添了密集表面建模功能，能够测量不平整地形，降低了标记的工作量。

2. 数据处理流程

不同软件对于图像数据处理的工作流程不同，但都是基于照片建模技术进行。其摄影测量图像数据处理流程如图 2-3 所示：

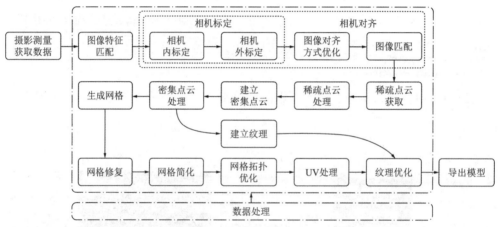

图 2-3　摄影测量图像数据处理流程

1）图像特征匹配

该过程可拆解为图像特征的识别、提取与匹配 3 部分，详细步骤是识别与提取图像数据中特征明显且便于检测和匹配的点，如建筑物的角、边缘点等，比较这些点，使高维空间样本特征转为低维空间样本特征来描述，并匹配到一起。特征点识别是重建过程中最基础的一步，识别效果的好坏对最后结果有很大影响。

2）相机标定

该过程用来获取相机的信息。依据标定参数属性不同，相机标定可分为内标定和外标定。其中，内标定是指相机的内部几何光学参数，如焦点、焦段、镜头畸变等；外标定是指相机的空间变换参数，如位置、旋转信息等。

3）稀疏点云获取与处理

图像在经过特征匹配和相机标定后能得到稀疏的点云图像，稀疏点云来源即为特征点。

4）密集点云建立与处理

点云密度越大，建模越容易，精度越高。所拍摄照片的数量、质量、光照条件、被摄物体材质与复杂程度等都是影响密集点云质量的因素。

5）生成网格与处理

网格化算法多种多样，主流的算法是基于三角面结构来生成网格模型。在生成网格后，一部分需要修补孔洞，因为一些特征点的丢失，导致获取的点云稀疏、质量不高，从而产生孔洞；另一部分由于算法产生大量冗杂的三角面，需要通过减少多边形数量来提高处理效率和模型质量。

6）网格拓扑优化

对于无法自动处理的网格，需要手动对网格模型进行重新拓扑，优化多边形结构。

7）UV 处理

UV 处理是要建立一套能够布局合理、轻易识别且能够有效利用 UV 空间的坐标系统。它是模型纹理贴图的坐标系统，使模型能够通过 UV 坐标与二维图像建立起一一对应的关系。

8）纹理优化

纹理是指模型的表面贴图。基于照片建模技术，纹理信息在生成密集点云之后，通过图像空间映射就可以得到。这时还没有得到 UV 坐标，其是一种空间纹理信息，不能编辑和映射到二维图像上，因此需要进行纹理优化，使之变成传统的纹理贴图。

本小节主要以 Agisoft Metashape、Autodesk 123D Catch 两款应用程序为例分别介绍其处理流程，分别对应用户端操作、云端计算的处理方式。下面是两款软件简要的流程。

（1）Agisoft Metashape 数据处理流程

Agisoft Metashape 数据处理流程如图 2-4 所示：

A. 导入照片

在 Agisoft Metashape 中，可以以单个文件或文件夹的形式导入照片，软件会根据照片信息将文件进行排列。将照片导入软件后，在软件下侧会显示影像缩略图，双击缩略图可查看放大的影像图。为保证模型重建质量，可对照片进行质量评估，在保证重叠度

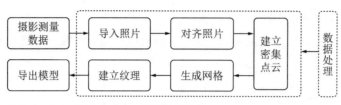

图 2-4 Agisoft Metashape 数据处理流程

的前提下将质量系数小于 0.8 的照片删除。

如果有 POS（多精度位置与姿态测量系统，Position and Orientation System）数据（即每张影像所对应的相机位置、姿态参数，能够进行辅助拼接，拼接后的影像将具有地理坐标信息），可以点击"参考"栏中第一个图表，导入 POS 数据。若没有可直接跳过。

B. 对齐照片

在菜单栏的"工作流程"中选择"对齐照片"（Align Photos）即可完成此步骤。精度一般选择"高"，精度越高对计算机的性能要求也越高，因此这个过程所消耗的时间会因计算机性能而异。

C. 建立密集点云

在菜单栏的"工作流程"中选择"建立密集点云"（Dense Cloud），精度选择"高"，滤波深度（Depth Filtering）可以选择"轻度""中度"和"进取"。其中"轻度"降噪效果有限，对模型细节破坏较少，"进取"降噪效果好，但对模型的细节破坏程度较大，需要根据需求选择滤波深度。

D. 生成网格

在菜单栏的"工作流程"中选择"生成网格"（Build Mesh），此步骤是对重建的密集点云进行三角化处理。表面模型选择"任意"，源数据选择"密集点云"，面数根据成像质量需求自定义，也可选择"高""中""低"。网格面数越大，模型细节越丰富，纹理效果越好；相反，网格面数越少，细节越差，纹理效果一般。"插值"选择"推断"，"点类"不做选择。

E. 建立纹理

在菜单栏的"工作流程"中选择"建立纹理"（Build Texture）。其中"纹理大小/数"数值越高，细节越好，对计算机性能要求越高，一般数值为 1024 即可满足模型的纹理要求。

F. 导出模型

根据需求选择格式导出文件。

（2）Autodesk 123D Catch 数据处理流程

其 Autodesk 123D Catch 使用流程如图 2-5 所示：

图 2-5　Autodesk 123D Catch 使用流程

A. 照片拍摄

使用 Autodesk 123D Catch 之前，需要先拍摄待建模物体的照片。拍摄时要在不同角度和高度进行，以便于获得更全面的视角和更多的特征信息，照片的密度越高，生成的最终模型越精细。尤其对于形状复杂的物体，拍摄时角度过渡要圆滑，避免照片之间有过大视角差异，以提高云端模型重建的成功率。同时，需要注意避让其他物体，使拍摄主题更加突出。

B. 创建空的项目

在 Autodesk 123D Catch 中，选择"创建空的项目"（Create an Empty Project），创建一个新的项目，准备将拍摄的照片上传并进行处理。

C. 账号申请与登录

在对话框中，选择"登录"（Sign In）并进行账号申请与登录。使用 Autodesk 123D Catch 需要一个有效账号，登录后可以将项目和模型与账号关联，方便管理和共享。

D. 创建新的项目

登录成功后，重新打开软件，选择"创建新的项目"（Create a New Capture）。在已登录的账号下创建一个新的项目。

E. 照片上传

在新建的项目中，选择上传照片。软件会对照片进行云计算，通过计算机视觉和图像处理算法，自动识别照片中的特征点和特征描述符，并生成 3D 点云数据。

F. 生成模型

之后，Autodesk 123D Catch 会自动生成 3D 模型。在模型生成过程中，软件会根据照片中的特征点和特征描述符进行图像匹配和三维重建，生成一个基本的 3D 模型。

G. 选择模型收取方式

最后，根据需求选择模型的收取方式，可以选择"等待"等待模型生成完成，或者选择"通过邮箱"来获取最终的模型数据。如果选择通过邮箱收取，系统会将模型的下载链接发送至指定邮箱，方便用户在其他设备上访问和下载。

2.1.4　测绘实践中的应用

近景摄影技术能够补充山石细部纹理，同时也能够用于三维扫描仪所不能测绘到的山石顶部，如对杭州排衙石、月岩的测绘（图 2-6）。

图 2-6　杭州排衙石

2.2　倾斜摄影技术

2.2.1　概述

1. 概念

倾斜摄影起源于 20 世纪初，是从国际测绘遥感领域发展起来的一项技术。该技术通过在同一飞行平台上搭载多台传感器，在固定的航线上同时从多个视角对目标区域进行影像采集。该技术可以获取地物更为丰富的纹理信息，尤其是包括地物侧面和垂直角度的特征，实现更准确的 3D 模型重建。

2. 基本原理

倾斜摄影的工作核心在于通过多个视角的影像采集和相应的数据处理，实现对地物的三维信息获取。其原理基于以下几个关键步骤。

多镜头配置：倾斜摄影常用的是 5 个镜头的摄影相机，包括：下视相机、前视相机、后视相机、左视相机和右视相机（图 2-7）。这些相机安装在同一个飞行平台上，能够同时从不同的视角对目标区域进行影像采集；

飞行航线规划：在进行倾斜摄影任务时，飞行平台按照预定航线以设定的速度和高度飞行。航线规划需要考虑目标区域的特点和要求，以确保影像的全面覆盖和高效采集，其倾斜摄影范围如图 2-8 所示；

多角度影像采集：在飞行过程中，相机根据其位置和角度，同时进行多个方向的拍摄。这包括垂直于地面角度拍摄的相片（正片）和相机与地面成一定夹角所拍摄的 4 组相片（斜片），相比于垂直摄影，倾斜摄影能够从更合适的视角获取更广范围地物的信息（图 2-9）；

POS 数据获取：倾斜摄影不仅获取图像数据，还能够获取相机曝光瞬间的姿态角和地理坐标，即 POS 数据。POS 数据记录了相机在拍摄时的空间位置和姿态信息，是进

图 2-7　五个镜头的摄影相机

图 2-8　倾斜摄影范围

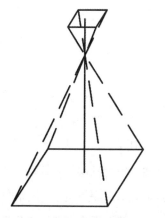
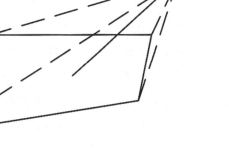
图 2-9　垂直摄影与倾斜摄影范围比较

行影像处理和 3D 模型重建的重要数据；

数据处理和 3D 模型重建：倾斜摄影的影像数据需要通过处理和拼接来生成完整的 3D 模型。数据处理包括影像匹配、特征提取、点云生成等步骤。利用 POS 数据，进行空中三角测量，确定地物的空间位置。结合相应的摄影测量软件，自动生成数字表面模型（Pigital Surface Model，DSM），进行纹理映射等处理过程，形成具有真实纹理的高分辨率 3D 模型。

综上所述，倾斜摄影技术通过在同一飞行平台上配置多台摄影相机，按照预定航线进行多角度影像采集，获取相机曝光瞬间的姿态角和地理坐标，通过数据处理和 3D 模型重建，实现对地物的全方位、真实和高精度的三维信息获取。

3. 主要仪器设备

倾斜摄影测量系统主要由无人机飞行平台、POS 系统、倾斜摄影系统组成。

1）无人机飞行平台

无人机飞行平台按照结构特点可以分为固定翼、单旋翼和多旋翼 3 种：

固定翼无人机是一种外形类似传统飞机的设计，其主要优势在于有较长的航程和较高的飞行速度。由于固定翼无人机采用固定机翼设计，能够高速飞行并高效地覆盖大面积。这使得固定翼无人机非常适合执行大范围的倾斜摄影任务，尤其适用于需要频繁更换任务区域的情况。然而，固定翼无人机需要相对较大的起飞和着陆空间，其在狭小区域内的应用十分受限。

单旋翼无人机采用外形类似直升机的设计，具有一个主旋翼和一个尾部推进器。单旋翼无人机的优势在于其具有垂直起降和悬停能力。这使得它们可以在较为狭小或难以到达的地区执行任务。在倾斜摄影时，单旋翼无人机能够以较慢的速度飞行，从而获得高分辨率的图像。然而，单旋翼无人机较慢的飞行速度，使得航程相对较短，因此在从事大范围航拍任务方面不如固定翼无人机。

多旋翼无人机是最常见的无人机类型，例如四旋翼无人机或六旋翼无人机。多旋翼无人机具有良好的悬停能力和机动性，能够在起降时垂直升降，使其相对容易操作，适用于在相对较小的区域内执行任务，例如低空倾斜摄影和对建筑物勘测。多旋翼无人机通常能够携带较大的负载，搭载更多种类的传感器。然而，由于其设计和特性，多旋翼无人机的飞行时间相对较短，而且飞行速度较慢，限制了其在大范围航拍任务方面的应用。

综上所述，固定翼无人机适用于大范围的航拍任务，单旋翼无人机适用于狭小或难以到达的地区，而多旋翼无人机则适用于在相对较小的区域内进行任务。根据任务的特点和目标，合理选择无人机类型能够提高倾斜摄影任务的执行效率和成果质量，3 种无人机飞行平台分类及特点如表 2-1 所示：

无人机飞行平台分类及特点

表 2-1

类型	优势	劣势	特点
固定翼	飞行速度快、距离远；载重大，续航时间长	对起降场地要求高	是军用和多数民用无人机的主流平台
单旋翼	场地受限小	故障率高；续航时间短	可以垂直起飞，维护成本高
多旋翼	场地受限小；操作简便；可以垂直起飞	载重大；续航时间短	操纵简单，成本低；可以悬停

2）POS 系统

POS 系统是倾斜摄影的关键组成部分，主要用于获取相机的精确位置和姿态信息。POS 系统主要由两部分组成：GNSS 系统（Global Navigation Satellite System，GNSS）和惯性导航系统（Inertial Navigation System，INS）。

（1）GNSS 系统

全球卫星导航系统由多颗卫星组成，其中包括 GPS（美国）、GLONASS（俄罗斯）、GALILEO（欧盟）和北斗（中国）等多个卫星导航系统。GNSS 系统能够在全球范围内全天候、连续、实时地提供导航服务使得相机在任何时间、任何地点都能获取准确的地理坐标信息。在倾斜摄影系统中，GNSS 模块通常由地面部分、空中部分和移动部分 3 部分组成。其主要作用是在曝光时获取相机的近似地理坐标，在全球范围内实现高精度的导航定位。并且具备全天候、连续和实时的特性。

（2）惯性导航系统（INS）

惯性导航系统（Inertial Narigation System，INS）是 POS 系统中另一个重要的定位技术。它主要由惯性导航测量单元（Inertial Measurement Unit，IMU）、计算机和控制显示器等部分组成。与 GNSS 不同，惯性导航系统实现自助式导航，不依赖于外部引导信号。它利用惯性传感器（通常包括陀螺仪和加速度计）来测量相机的运动状态，然后通过算法来计算相机的位置和姿态信息。为实现精确导航，惯性导航系统一般需要在导航设备上配备一个相对稳定的平台，用来模拟当地的水平面。接下来，惯性导航系统会构建一个直角坐标系，坐标系的 3 个轴分别指向正东、正北和天顶方向。在导航时，陀螺仪使平台始终保持跟踪当地水平面，并保持坐标系的指向不变。通过不断积分测量的加速度和角速度信息，惯性导航系统能够持续地获取相机的姿态信息。

通过综合使用 GNSS 系统和惯性导航系统，POS 系统能够为倾斜摄影提供高精度的相机位置和姿态信息。GNSS 系统可以实现全球范围内的定位，而惯性导航系统则能够在 GNSS 信号丢失或不稳定的情况下持续提供准确的姿态信息。这使得在执行倾斜摄影任务过程中，在各种环境和场景下都能够获得高质量的数据，确保摄影成果的准确和可靠。在城市规划、地图制作、建筑物立面测绘等领域，POS 系统的高精度定位和姿态控制能够为专业用户带来便利。

3）倾斜摄影系统

（1）三镜头倾斜摄影系统

三镜头倾斜摄影系统是一种相对简单但功能强大的倾斜摄影解决方案，三镜头无人机如图 2-10 所示。它由 3 台大画幅相机组成，通常被安装在一个旋转结构上。中间相机用于获取垂直方向的影像数据，两侧相机分别用于获取左右两个方向的倾斜影像数据。

在执行倾斜摄影任务时，相机会在无人机飞行过程中通过旋转结构自动切换拍摄角度。当相机处于垂直拍摄模式时，其可以捕捉正射影像，在垂直方向上观察地物，类似于传统航空摄影。而当相机旋转到倾斜拍摄模式时，其可以捕捉侧视影像，为建筑物、地形和其他地物的立面提供了更多细节和深度信息。

三镜头倾斜摄影系统的优势在于可以同时获取垂直和倾斜影像，以提供全面且多角度的数据。这种系统特别适用于城市规划、地图制作、建筑物立面测绘和灾害监测等领域。由于只有 3 台相机，这种系统的设备相对较轻便，适用于搭载在续航时间较短或荷载能力有限的无人机上。

（2）五镜头倾斜摄影系统

五镜头倾斜摄影系统是一种更先进和高效的倾斜摄影解决方案，五镜头无人机如图 2-11 所示。它由 5 个相机组成，分别安装在无人机的前、后、左、右和下方，分别对应前、后、左、右和垂直 5 个方向。与三镜头系统不同，五镜头系统不需要旋转相机，其可以同时捕捉所有方向的影像数据，使得数据采集更加快速高效，尤其在大范围倾斜摄影任务中，能够更有效地覆盖更大的区域。

其优势在于在单次飞行中能够获取更多方向的影像数据，从而提高数据采集效率。这种系统特别适用于需要覆盖大面积区域或进行大范围倾斜摄影任务的场景，例如城市规划、土地测绘、资源管理和环境监测等。然而，由于五镜头系统需要携带更多的相机，因此需要搭载在续航时间长、荷载能力强的高端无人机平台上。

图 2-10　三镜头无人机

图 2-11　五镜头无人机

综上所述，三镜头倾斜摄影系统适用于中、小规模的倾斜摄影任务，它相对轻便且功能强大。而五镜头倾斜摄影系统则更适合大范围的倾斜摄影任务，虽然重量大但效率更高。根据具体的任务需求和无人机平台的条件，选择合适的倾斜摄影系统能够提高倾斜摄影任务的执行效率和成果质量。

4. 特点

1）多角度拍摄

倾斜摄影系统通过相机的倾斜角度（通常为 35° 或 45°）能够同时获取地物的顶部和侧面纹理信息。

2）高重叠度要求

倾斜摄影中对航向和旁向重叠度的要求较高。航向重叠度要求通常为至少 80%，旁向重叠度为至少 70%。高重叠度能够提供更多的图像匹配点，有助于后续的影像处理和三维重建，提高数据处理的准确性和稳定性。

3）单张影像测量

倾斜摄影所获取的影像数据经过计算处理后，能够得到每张地物影像的外方位元素。借助这些外方位元素，可以实现单张影像测量，如测量地物的长度、高度、坡度、面积等信息。

4）高效系统化的成果输出

多角度采集能够极大地提升外业数据采集的效率，后续的逆向建模和数据处理可得到更完整、更精确的结果，实现外业信息采集与内业数据处理的深度整合，打造出高效产出实景 3D 模型的完整系统。

2.2.2 外业作业流程

1. 基本步骤

倾斜摄影外业是指在倾斜摄影技术中，进行实地拍摄和数据采集的工作，外业基本工作流程如图 2-12 所示。主要包括资料收集和设备调试、航线设计、像控点布测、外业飞行与图像采集等工作。

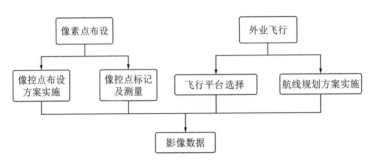

图 2-12　外业基本工作流程

1）资料收集和设备调试

（1）基础控制点资料的收集

准备工作需根据甲方的要求、作业范围，规范作业、统一技术要求，保证测绘产品质量符合相应技术标准。根据国家有关规范，收集资料，进行现场踏勘，制定航飞方案，确定采用的无人机类型、相机类型，确定人员安排等，编制项目技术设计书。

根据项目需求，收集必要的等级控制点。如控制点的分布情况若不满足 RTK（实时动态）的测量要求，需要在已有控制点的基础上进行加密。

（2）测量设备的准备

准备测量所需的飞行平台设备和相机等设备。其中相机需要检校，获取准确的相机内方位元素和畸变参数。飞行平台设备需要进行检校与常规检查确保航摄平台各设备主要技术参数符合规范要求。所有设备均需检查电池是否满电量、储存卡内存是否足够；作业完成后要为设备电池充电，导出和备份数据，检查仪器设备。

2）航线设计

航线设计指在一定的约束条件下，从起始点到目标点，寻找满足无人机机动性能及环境信息限制的生存概率最大、完成任务最佳、综合指标最优的飞行轨迹。无人机航线一般可以分为 3 部分：前往任务区域的航线、任务区域内的航线和返回降落区的航线。

航线应依据任务情况、地形环境情况、无人机飞行性能、天气条件等因素进行规划。航摄前需要先确定摄影比例尺，计算航高、航速。航线设计一般采用 30% 的旁向重叠度、66% 的航向重叠度。航线设计软件会生成一个飞行计划文件，其中包含无人机的航线坐标及各相机的曝光点坐标。

3）像控点布测

像控点布测是指根据无人机摄影测量测图需要在实地布设并进行测定的控制点，像控点理想布设位置示意如图 2-13 所示。包括仅具有平面坐标的像片平面控制点和仅具高程的像片高程控制点以及同时具有平面坐标与高程的像片平高控制点。

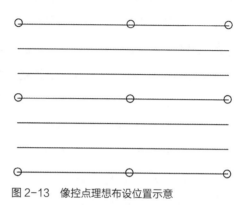

图 2-13　像控点理想布设位置示意

（1）像控点的布设原则

按照摄区面积估算。通常 1km 内保证 30 个控制点，即每间隔 200 ～ 300m 需布设一个平高点。如房屋顶部、山（坡）顶、山（坡）脚、鞍部等应相应地增加控制点，提高数据精度。

基于建模软件算法估算。从最终空中三角测量特征点点云的角度可以提供一个控制间隔，建议按每隔 20000 ～ 40000 个像素布设一个控制点，其中有差分 POS 数据（相对较精确的初始值）的可以放宽到 40000 个像素，没有差分 POS 数据的至少 20000 个像素布设一个控制点。同时也要根据每个任务的实际地形与地物条件灵活应用，如地形起伏异常较大的、大面积植被覆盖区域及面状水域的特征点非常少的，需要酌情增加控制点。

按航线数确定。通常每 4 条航线布设 1 排平高点，成方形布设。

针对无人机的飞行架次估算。通常每个架次布设 5 ～ 6 个点，两长边各布设 3 个点；或 4 角各布设 1 个点，中间再加 1 个点。考虑两个相邻架次有一长边 3 点重合共用，两个架次可以布设 6 ～ 9 个点。3 个架次依次类推。

点位明显。点位必须选择在像片上的明显目标点，以便于正确地相互转刺和立体观察时辨认点位。

（2）像控点的布设方式

像控点在布设时既要尽量均匀布设，又要重点突出高程变化较大的地方。采用航线两端及中间均隔一或两条航线布设平高点的方法。此方法既能保证成图精度，又能减少外业工作量。

（3）像控点的标记

像控点应该选择在航摄像片上影像清晰、目标明显的像点。实地选点时，也应考虑侧视相机是否会被遮挡。对于弧形地物、阴影、狭窄沟头、水系、高程急剧变化的斜坡、山顶、跟地面有明显高差的房角或围墙角等航摄后有可能变迁的地方，均不应当做选择目标。实际情况中航摄区域未必都有合适的像控点，为提高刺点精度，保证成图精度，应在航摄前采用"刷油漆"的方式提前布置像控点标志。

条件具备时，可以先制作外业控制点的标志点，一般选择白色（或者红色）十字形标志。并在航摄飞行之前试飞几张影像，确保十字标志能在倾斜影像上正确辨识。控制点测量完成后，要及时制作控制点点位分布略图、控制点点位信息表，准确描述每个控制点的方位和位置信息，便于内业刺点使用。

4）外业飞行与图像采集

在完成规划航测区域及前期准备工作后，让无人机起飞进行航测采集影像数据，保证影像内主体不存在任何的遮挡，否则会在内业过程中所输出的模型效果将质量不佳。

（1）飞行平台的选择

倾斜摄影测量无人机飞行平台可采用固定翼无人机、多旋翼无人机和混合翼无人机（图2-14）。固定翼无人机一般续航时间能达到2h以上，速度达70km/h以上，可搭

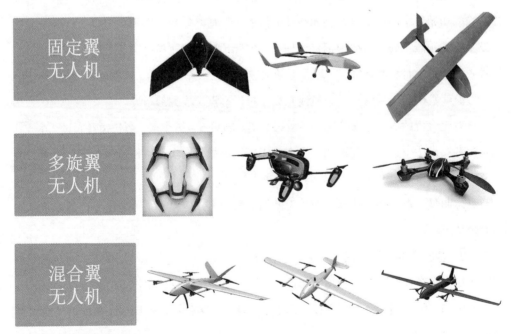

图2-14　无人机类型

载五镜头相机，具备飞行速度快、航时长、作业效率高的特点。但固定翼无人机对飞行操控人员和起降场地要求高，航高要求较大，机动灵活性差，造价较高。多旋翼无人机理论上可以实现任意分辨率的航拍影像，精度较高。受续航时间和飞行速度限制，无法执行大面积航测任务，但能满足小图斑地形、地籍测绘项目，工程建设，文物保护等工作需要。混合翼无人机结合了固定翼无人机和多旋翼无人机的技术优势，既降低了对场地的要求，又有航时长、飞行速度快等特点。

（2）规划航线的方案实施

无人机上没有机械操纵装置和杆力传感器。某些无人机地面站配置了类似有人机的操纵杆和脚踏，但不需要传送操纵力度。目前大多数固定翼无人机是静稳定的，不需要专门设计增稳系统，只是在设计飞控系统时通过选择控制律和调节参数保证系统的动静态性能。对无人机的飞行进行控制一般有 4 种模式：程序控制、指令控制、姿态遥控和舱面遥控。对无人机进行人工遥控（包括姿态遥控和舱面遥控）时，通过地面站或遥控器向无人机发送指令，经飞行控制计算机处理后控制舱机，实现控制。

飞行获取的影像要及时检查质量，包括检查旁向重叠度、航向重叠度、像片倾角、像片旋角、航高差等是否满足《低空数字航空摄影规范》CH/T 3005—2021 的要求。如果影像质量不合格需要补测航摄漏洞。例如，影像应该清晰、层次分明、光照适中，能分辨出相应分辨率所对应地物的基本特征；影像不应存在大面积的云层、反光等影响判读的缺陷；由于飞行移动曝光瞬间产生的像点位移不应该大于 1 个像素。

2. 注意事项

1）准备阶段的注意事项

（1）设备调试

设备调试是进行倾斜摄影任务前重要的一步。首先，确保无人机和相关设备处于良好状态，没有明显的损坏或故障。检查无人机的螺旋桨和电机的工作情况，确保运转正常，没有松动或损坏。此外，还要检查无人机的电池电量，确保续航时间足够至任务完成。

其次，对倾斜摄影系统中的相机和传感器进行调试。根据任务需求，选择合适的相机和镜头组合，确保校准和对焦准确。测试相机的曝光设置和图像质量，确保影像数据的清晰度和准确性。

同时，对地面控制站和遥控器进行调试。地面控制站是无人机的操作中心，用于设定航线、监控飞行状态和接收影像数据。遥控器是无人机的手持控制器，用于操控无人机的起飞、降落和飞行过程。调试时要检查地面控制站和遥控器与无人机之间的通信是否畅通，遥控器的指令是否能准确传达给无人机。

在设备调试过程中，也要注意更新无人机固件和相关软件，确保使用最新功能和修复已知问题。同时，进行适当的飞行测试，包括起飞、悬停、航线飞行和降落等，验证设备的稳定性和性能。

（2）申请飞行许可

倾斜摄影任务属于特殊的航拍活动，在飞行前必须申请飞行许可。获得飞行许可后，才能进行倾斜摄影任务，确保数据采集的合法性和安全性。

在申请飞行许可时，需要编写航空摄影技术设计方案。技术设计应包含航线规划和设计，包括航线的长度、高度、倾斜角度、重叠度等参数。航线的设计要符合航空摄影规范和飞行管理要求，保证数据采集的质量和效率。航线设计完成后，需要使用专用航线设计软件生成飞行计划文件，并根据坐标体系规划无人机飞行方案，包括起飞点、航线飞行、关键任务点、降落点等，飞行方案需要详细说明飞行的路径、高度、速度和任务要求。

完成飞行方案后，必须向相关管理部门递交申请，申请飞行许可。在申请过程中，可能需要提供飞行计划文件、飞行方案、飞行人员的相关证书和许可，以及保险证明等文件。审批部门会根据航空规定和安全要求对申请进行审核。

2）图像采集阶段的注意事项

（1）全方位拍摄要求

执行倾斜摄影任务时，全方位拍摄是保证 3D 模型建模效果的重要要求。全方位拍摄即从不同的角度和方向对被建模物体进行拍摄，以覆盖其各个面向，确保影像数据充分重叠。其可以有效减少数据缺失和孔洞，提高数据的可用性和准确性。

全方位拍摄的优点在于能够捕捉到被建模物体的细节和特征，包括顶部、侧面和底部各个方面。例如，在对城市建筑物的倾斜摄影中，全方位拍摄可以获取建筑物立面、窗户、雨棚等细节，使得建模后的 3D 模型更加真实和精细。此外，在 3D 模型中，全方位的影像数据能够呈现出更加综合、立体感强的效果，使用户能够更直观地感受被建模物体的真实形态和外观。

全方位拍摄也使数据采集工作量增加。因此，在规划飞行航线时，需要合理安排相机的拍摄角度和位置，确保每个区域都被充分拍摄。在图像采集阶段，要仔细规划航线和飞行路径，确保实现全方位拍摄。

（2）选择合适拍摄天气

阳光与阴影部分光照强度间的差异，会对摄影成像产生较大影响进而影响建模精度。无人机数据采集工作适合在天气晴朗且无阴雨、无狂风天气下进行。影响影像质量的因素，主要是风与雾霾。如天气状况不佳，影像质量将会变差。另一方面，当空中气流较大时，无人机拍摄过程中飞行姿态难控制、移动速度过快，影像将产生位移，导致影像模糊，影像质量同样较差。

（3）注意无人机安全

在飞行过程中，应始终保持无人机在视线范围内，避免飞出视野而导致失控或意外。特别对于初学者来说，应当选择空旷的地方进行飞行，避免有高楼、树木或其他障碍物，防止遥控信号受阻或飞行器碰撞障碍物。

在飞行过程中要注意避开人群、水面等区域，确保飞行安全和他人人身财产安全。在进行倾斜摄影任务前，要了解当地的飞行规定和限制，严禁在禁飞区域或违规飞行。

2.2.3　内业作业流程

1. 数据处理软件

倾斜摄影测量软件是专门针对倾斜数据开发的一款软件，主要涉及数据的导入、空中三角测量的解算和模型数据的输出。相较于传统垂直摄影测量软件，倾斜摄影测量软件一般可集群作业，有主控程序和数据解算程序（一般称引擎端）等，部分软件支持一机多开引擎。目前国外主流的建模软件有 ContextCapture、像素工厂、街景工厂、PhotoScan、PhotoMesh、PhotoMod、Inpho 等；国内主流建模软件有瞰景 Smart3D、Mirauge3d、大疆智图、重建大师等，这些软件均支持集群进行空中三角测量解算和模型数据输出。

1）ContextCapture

ContextCapture 软件作为数据处理软件［图 2-15（a）］。该软件是目前处理倾斜摄影测量数据标准的软件系统之一，一般包括主控制台（Master）、任务启动引擎（Engine）、3D 模型展示（Viewer）等模块。利用此软件对数据处理，并进行空中三角测量计算，通过点云加密算法将稀疏点云生成密集点云，然后将密集点云进行网格化和纹理映射，利用导入的控制点数据，生成对应坐标系统下的具有真实坐标的 3D 模型。

ContextCapture 采用主从模式（MasterWorker）的系统架构，包括 ContextCapture Master 和 ContextCapture Engine 两大模块。

ContextCapture Master 是 ContextCapture 的主要模块。通过图形用户接口，向软件定义输入数据，设置处理过程，提交过程任务，并监控这些任务的处理过程实现处理结果可视化。注意，Master 并不会执行处理过程，而是将任务分解为基础作业并提交给 Job Queue。

ContextCapture Engine 是 ContextCapture 的工作模块，为计算机后台运行，无须与用户交互。当 ContextCapture Engine 空闲时，一个等待队列中的作业执行顺序主要取决于它的优先级和任务提交的时间。一个任务通常由空中三角测量和三维重建组成。空中三角测量和三维重建采用不同且计算量大的密集型算法，如关键点的提取、自动连接点匹配、约束调整（空中三角测量）、密度图像匹配、实景 3D 模型重建、无接缝纹理映射、纹理贴图包装和细节层次生成等。ContextCapture Engine 支持工作站集群处理，可以在多台计算机上运行多个 ContextCapture Engine，并将它们关联到同一个作业队列中，大幅降低处理时间。

2）PhotoMesh

针对市场上其他产品单次工程计算中只能处理数万张相片的缺陷，PhotoMesh 在单次工程中能够实现一次性处理数十万张影像、上万亿像素的原始数据，全流程采用空中三角测量分布式算法和虚拟节点技术［图 2-15（b）］。结合"Fuser Farm 机器资源分配机制"可以无限扩展处理节点，把处理速度提高几十倍。极大地优化了过去项目分块接边多、冗余大的问题，为城市级海量数据高效快速地生产提供了极大的便利。

3）Mirauge3d

该软件是北京中测智绘自主研发的一款实景三维建模软件［图 2-15（c）］，可自动对 POS 数据坐标进行转换，自动将二维影像转为实景 3D 模型，支持海量数据运算。独特的空中三角测量机制，将海量数据自动划分为多个任务，依次完成每个任务的解算，

图 2-15　倾斜摄影处理软件
（a）ContextCapture；（b）PhotoMesh；（c）Mirauge3d

最后用单机模式完成区块空中三角测量成果的自动融合，在空中三角测量解算方面，具有非常明显的优势。但是通过对现有版本进行测试，该软件模型的生产优势不明显，在多数情况下，难以满足项目需求，因此该软件并不适合用于模型生产。

2. 数据处理流程

无人机倾斜摄影建模主要包括两部分，即外业数据采集和内业数据加工处理。外业数据采集是指按照一定作业流程，通过航飞的方式获取航摄影像，主要包括航飞前的测区资料收集和调查、空域申请、航线规划、控制点喷涂和测量、外业数据获取。内业数据加工处理是指利用专业的建模软件，通过自动或半自动的操作方式，将倾斜摄影数据转为实景3D 模型的过程。倾斜摄影建模主要流程包括数据预处理，空中三角测量，自由网解算、像控点控制与平差调整，多视影像密集匹配，密集数字地表模型（DSM）生成，输出模型精度检测。其倾斜摄影建模流程如图 2-16 所示。

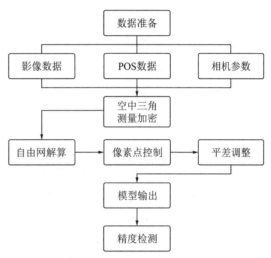

图 2-16　倾斜摄影建模流程

本小节以 ContextCapture 建模软件为例介绍其处理流程，以下是该软件简要流程。

1）数据预处理

在生产过程中，数据预处理主要包括以下几方面：①影像数据处理。删除试拍无效影像，用 Photoshop 软件创建动作，并对原始影像的亮度和纹理色彩进行调整；② POS 数据处理。用 ArcGIS 软件对原始经纬度格式的 POS 数据进行定义和投影，将其转换到目标坐标系下；③相机参数优化。利用少量原始影像，进行空中三角测量解算，得到准确度较高的相机参数，获取相机精确焦距。

2）创建工程

在主程序界面，单击"新工程"按钮，建立一个新工程。在"新工程"对话框中输入工程名称，选择工程目录，也可以输入工程描述。最后，单击"OK"按钮，进入设置界面。

3）导入照片

ContextCapture中导入照片有两种方式。一种是照片导入，一种是文件夹导入。此外，视频和点云文件也可以进行建模。

选择导入照片。单击"添加影像…"按钮。在打开的"添加影像"对话框中，导航文件夹到存放照片的文件夹，并选择需要导入的照片，单击"打开"按钮。

4）设置相机

当导入照片后，在"影像"选项卡中会列出照片的影像组状态、影像数量、主要影像组件、照相机、感应器尺寸、焦距等属性。

"影像组"属性代表了相机的内方位元素。进行三维重建需要进行精确计算影像组属性。这些属性的精确值可以由 ContextCapture 根据空中三角测量自动运算、基于影像的 EXIF（可交换图像文件，Exchangeable Image File）元数据、使用 ContextCapture 相机数据库等获取初值，从 XML 文件中导入，手动输入。

感应器尺寸是指传感器的最大尺寸。感应器尺寸可以查表选择或者手动输入。对应常见的相机和手机，可以右键单击"感应器尺寸"中的"未定义"，在菜单上单击"从数据库获取相机型号…"，打开相机数据库对话框。如果相机型号没有在数据库中，但有该相机的正确参数，可以在输入感应器尺寸后，单击鼠标右键，选择"将相机型号添加到数据库…"，在打开的"相机型号"对话框中输入相应值，单击"确定"保存，方便以后使用。

对于一个新创建的影像组，ContextCapture 能够从 EXIF 元数据中提取出焦距（单位为 mm）的初值，如果失败，软件将提示要求手动输入初值。然后，ContextCapture 能够自动通过空中三角测量计算出精确的焦距。

控制点是指在空中三角测量中辅助性定位信息。对区块添加控制点能够使模型具有更加准确的空间地理精度，避免长距离几何失真。

有效的控制点集合需要包含 3 个或 3 个以上的控制点，且每一控制点均具有两个及以上的影像点。

5）提交空中三角测量

完成影像输入后，即可开始进行空中三角测量。单击"概要"选项卡。有时，会提示"影像信息不完整"按钮，单击后弹出"信息"对话框。此时，单击"OK"按钮，补充信息或者进行空中三角测量。

单击"概要"选项卡的"提交空中三角测量"按钮，打开"提交空中三角测量"对话框，输入区块名称和描述，也可以采用默认值。然后，单击"下一步"按钮，显示"定

位 / 地理参考"界面，在此界面选择空中三角测量计算的定位模式。

任意的：区块的位置和方向无任何限制或预判值；

自动垂直：区块的垂直朝向由参与运算的影像的综合垂直方向决定，区块的比例和水平朝向判定保持和全方向选项一致。这个选项对于处理主要由航空摄影方式获得的影像时，相比全方向选项，效率有显著提高；

参照影像方位属性（仅在该区块包含不少于 3 张带有有效定位属性的影像时可用）：区块的位置和方向由影像所带的方位属性决定；

参照控制点精确配准（需要有效控制点集）：利用控制点对区块进行精确方位调整，建议在控制点与输入影像精度一致时使用；

参照控制点刚性配准（需要有效控制点集）：参照控制点仅对区块进行刚性配准，忽略长距离几何变形的纠正（控制点不精确时推荐使用）。

对于使用控制点进行定位的模式，输入影像必须包含有效的控制点集。即至少包含 3 个以上的控制点，且每一个控制点具有两个及以上的影像测量点。

选择空中三角测量计算的定位模式后，单击"下一步"按钮，进入"设置"界面：

（1）关键点密度

普通：多数情况下建议（正常情况下采用）。

高：在纹理不足或者照片比较小时采用，处理速度会降低。

（2）像对选择模式

默认值：选择基于若干标准，其一是照片中的类似影像。

仅限类似影像：用关键点类似建立像对，效果好。

详细：使用所有可能的像对，在照片间覆盖率有限时使用，照片多时尽量不要使用。

频率：仅使用在给定距离之内的相邻点对，一般在默认模式失败后使用。

循环：在一个循环中，仅使用在给定距离之内的相邻点对，一般在默认模式失败后使用。

光学属性评估模式：一步，多数情况下采用；多步，仅在单步失败后采用，需要大量计算时间。

在空中三角测量中，针对不同区块属性的估算方法有：重新计算，不借助任何输入的初值进行计算；平差调整，利用输入值作为初始值进行计算；容差范围内平差，参考输入初始值运算并在用户预设的容差值范围内进行调整；保持，保持使用输入的初始值而不参与运算。

当设置完成后，单击"提交空中三角测量"按钮，系统开始空中三角测量计算。在正常情况下，第一次进行空中三角测量计算成功完成后，尽量再提交一次，然后进行建模。

6）创建重建项目

当空中三角测量完成后，单击"概要"选项卡的"新建重建项目"按钮。再单击"提交新的生产项目…"按钮。

在"生产项目定义"对话框的"名称"界面中，输入生产项目名称并单击"下一步"按钮，在出现的"目的"界面中，选择生成的模型类型，一般选择三维网格，然后单击"下一步"按钮。

在"格式/选项"界面，选择生成的文件格式、纹理贴图和细节层次，单击"下一步"按钮。在"目标"界面，设置输出文件夹并单击"提交"按钮，然后建模开始，绿色进度条表示进度的情况。根据情况不同，建模时间不定。

2.3 三维扫描技术

2.3.1 概述

1）三维扫描技术

三维扫描技术是一种用于表示三维空间中对象或场景的数据结构和处理方法。其通过一系列的三维点（也称为点云）来描述物体的表面或环境，且每个点都有自己的位置坐标和可能的属性，如颜色、法向量、强度等。这些点的集合形成了一个离散化的三维空间表示，使得点云能够捕捉到真实世界中的复杂几何形状和外观。

2）三维点云技术

三维点云技术最早出现在计算机图形学和计算机视觉领域。早期的计算机图形学主要关注二维图像的生成和显示，而最早的三维几何建模方法是使用多边形网格来表示物体表面，但这种方法不适用于复杂曲面的表示。因此，为了更好地表示复杂物体表面，研究人员开始引入点云数据表示。这种表示方法能够更自然地描述物体的几何形状，尤其适用于非结构化的几何形状。随着三维点云技术的不断发展，研究人员开始探索对点云数据进行处理和分析的方法。点云数据的处理涵盖滤波、配准、分割、特征提取等多个方面。例如，点云滤波可以用来去除噪声，提高数据质量；点云配准可以将多个视角下的点云数据进行对齐，形成完整的三维重建；点云数据分割可以将点云数据划分为不同的部分，便于进一步分析和应用；点云特征提取可以提取出点云数据中的重要特征，用于目标识别和分类等任务。

3）激光雷达

激光雷达是一种能够测量物体表面点的三维传感器，是点云数据获取的重要工具之一。激光雷达的工作原理类似于声呐，它能够快速准确地获取目标表面的点云数据，即通过向目标发射激光束并测量激光束从目标表面反射回来的时间来计算点的位置信息。除了激光雷达，结构光扫描技术是另一种获取三维点云的重要方法。结构光扫描技术通过投射结构化光模式（通常是条纹或格网）到目标表面，并使用相机捕捉变形后的光模式来计算点的位置信息。相较于激光雷达，结构光扫描技术通常适用于小尺寸目标和近距离的三维数据获取，它广泛应用于工业设计、文物保护、数字艺术等领域。

1. 基本原理

三维激光扫描系统是由多个组成部分构成的高精度测量设备。其中，三维激光扫描仪是系统的主要组成部分之一，它包含激光发射器、接收器、时间计数器、马达控制可旋转的滤光镜、控制电路板、微电脑、CCD（电荷耦合器，Charge Coupled Device）相机，以及相关软件等。

在三维激光扫描仪中，激光测距技术是关键部分。激光测距原理包括基于脉冲测距法、相位测距法、激光三角法和脉冲/相位式测距法等。目前，三维激光扫描仪主要基于脉冲测距法。在近距离的应用中，三维激光扫描仪可能采用相位干涉法或激光三角法进行测距。

三维激光扫描仪由测距系统、测角系统，以及其他辅助功能系统构成，如内置相机和双轴补偿器等。它的工作原理是通过测距系统获取扫描仪到待测物体的距离，再通过测角系统获取扫描仪至待测物体的水平角和垂直角，从而计算出待测物体的三维坐标信息。在扫描过程中，激光扫描仪通过自身的马达和传动装置实现连续地对空间进行全方位扫描测量，从而获取被测目标物体密集的三维彩色散点数据，形成点云。

在三维激光扫描仪的扫描过程中，不仅记录了激光点的三维坐标信息，还记录了激光点位置处物体的反射强度值，称为反射率。内置数码相机的扫描仪在扫描过程中可以获取外界物体真实的色彩信息，在扫描和拍照完成后，除了点云数据的三维坐标信息，还可以获取物体表面的反射率和色彩信息。

三维激光扫描仪产生的原始观测数据包括激光束的水平和垂直方向值，以及扫描点到仪器的距离。通过这些数据，可以得到每个扫描点相对于仪器的空间相对坐标值，以及扫描点的反射强度等信息。

点云数据具有一定的结构关系，根据测量传感器的类型，点云数据的空间排列形式包括阵列点云、线扫描点云、面扫描点云，以及完全散乱点云等。在大部分情况下，三维激光扫描仪采用线扫描方式，逐行或逐列地进行扫描，获得具有一定结构关系的三维激光扫描点云数据。这些数据可以通过后续处理和算法进行三维重建和模型生成，为实际应用提供丰富的信息和精确的测量结果。

2. 主要仪器设备

根据三维激光扫描系统特性及技术指标的不同，可以将其划分为不同的类型，依据承载平台划分，当前从三维激光扫描测绘系统的空间位置或系统运行平台来划分，可分为如下 3 类：

1）载体式三维激光扫描系统

载体式三维激光扫描系统的扫描仪安装在移动平台上，例如车辆、航空器或船只。这些扫描仪利用载体的移动性，可在较短时间内覆盖大范围的地理区域。其使用激光束来扫描目标，并通过激光器和传感器获取点云数据。

载体式扫描仪的优势在于其高效性和适应性，适用于航空摄影、车辆测绘、海洋测绘等需要大规模地理信息采集和建模的任务。

2）地面式三维激光扫描系统

地面式三维激光扫描系统的扫描仪通常安装在地面或地面附近的固定平台上，例如三脚架或支架。这些扫描仪使用激光束扫描地面上的物体或建筑物，并通过激光器和传感器来测量返回的激光点云的位置信息。其配备有旋转功能，使扫描仪能够实现全方位的扫描，捕捉整个场景。

地面式扫描仪的优势在于其稳定性和扫描速度。由于固定在地面上，它们可以在较短的时间内扫描大范围的区域，适用于建筑测量、城市规划、土地测绘等需要对大型场景进行测绘的任务。

3）手持式三维激光扫描系统

手持式三维激光扫描系统的扫描仪是由操作人员手持的移动设备。其通常小巧轻便，并配备了传感器和激光器，通过扫描目标区域来获取点云数据。由于可以手持操作，这类扫描仪非常适合于实现灵活的、局部区域的扫描任务。

手持式扫描仪的优势在于其灵活性和适用性。其能够扫描难以到达的地方，例如室内的复杂结构、狭窄的通道或是文物艺术品等，对于小范围或具有复杂几何形状的物体进行高精度扫描非常有优势。

这 3 种类型的扫描仪在三维激光扫描测绘系统中各有其特点。地面式三维激光扫描系统的扫描仪适用于大范围场景的测绘；载体式三维激光扫描系统的扫描仪适用于大规模地理信息采集；手持式三维激光扫描系统的扫描仪适用于小范围或难以到达的区域的高精度扫描。根据实际需求和应用场景，选择适合的扫描仪对于完成特定的测绘任务非常重要（图 2-17）。

（a）　　　　　　　　　（b）　　　　　　　　　（c）

（d）　　　　　　　　　（e）　　　　　　　　　（f）

图 2-17　各设备主流型号

（a）机载型激光扫描系统——智喙 PM-1500；（b）轻型机载激光测量系统——智喙 S1 轻小型；

（c）地面型扫描仪——HD TLS360；（d）地面型扫描仪——HS500i、HS650i、HS1000i；

（e）车载扫描仪——Hiscan-R；（f）便携式扫描仪——灵光 Lixel X1

3. 特点

三维扫描技术在现代科技发展中具有不可替代的地位。它为各个领域提供了高精度、非接触性、全局性和无损性的数据采集方式，为工程、医疗、文化遗产保护和娱乐产业等领域带来了许多便利和创新机会。

1）非接触性

三维扫描技术的最大优势之一是其非接触性。通过使用激光、光栅、摄像头等设备，可以在无需直接接触物体的情况下获取其三维信息。这种非接触性使得三维扫描技术特别适用于对复杂或易损物体的扫描。例如，在文物保护领域，使用三维扫描技术可以无损地获取珍贵文物的数字化副本，以备份和研究。

2）高精度

现代三维扫描技术能够以非常高的精度捕捉物体的几何信息。通过将激光或光栅的反射数据与摄像头的图像数据进行组合，可以生成高密度的三维点云或模型。这些点云或模型能够准确地反映物体表面的细微细节，从微小零件到大型建筑都可以精确地进行测量和重建。

3）快速性

随着技术的不断进步，三维扫描设备的扫描速度也不断提高。现代的三维扫描仪能够在短时间内迅速完成对物体的扫描。这使得三维扫描技术在工业制造和设计领域得到广泛应用，可以加快生产流程和缩短产品开发周期。

4）全局性

三维扫描技术具有全局性，可以同时捕捉整个物体或场景的三维信息。无论物体的形状和大小如何，三维扫描技术都能够获取其完整的几何数据。因此，它适用于各种不同尺寸和形状物体的扫描和重建。

5）无损性

作为一种非接触性技术，三维扫描不会对物体造成伤害或损坏。这在一些对物体完整性要求很高的领域如考古学、艺术品保护和医学尤为重要，三维扫描技术能够为这些领域提供一种无损的数据采集方式，使得文化遗产的保护和医学图像的获取更加可靠。

6）数字化

三维扫描技术生成的数据通常是数字化的点云或模型，其具有方便存储、传输和后续处理的特点。在计算机中，可以对三维数据进行编辑、分析和渲染，为设计、模拟和虚拟现实等应用提供了便利。

2.3.2 外业流程

1. 基本步骤

在项目实施过程中，野外获取点云数据是重要步骤，获取完整符合精度要求的点云数据是后续建模与应用的基础。扫描开始前要做好相关准备工作，主要包括仪器、人员组织、交通、后勤保障、测量控制点布设等。针对不同品牌的仪器型号，在一个测站上具体扫描操作的方法会有所不同，外业流程如图 2-18 所示：

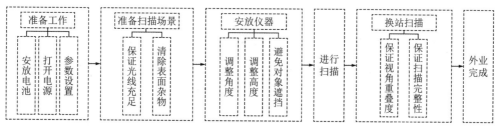

图 2-18 外业流程

1）准备工作

在准备工作阶段，首先要确保三维扫描仪处于良好工作状态。检查扫描仪的电源线或电池，确保设备能够正常供电。如果需要，可连接扫描仪到计算机或移动设备，并启动相应的扫描软件。有些三维扫描仪需要预热，以确保内部元件在适当的温度下运行，获得更稳定的扫描结果。设置扫描参数也非常重要，分辨率、扫描速度、颜色选项等参数将直接影响扫描的质量和效率。

2）准备扫描场景

选择合适的扫描场所可以获得高质量的扫描结果。确保待扫描的物体或场景位于光线充足、稳定的环境中，避免强烈的光线反射或阴影。在开始扫描之前，需对待扫描物体进行清理和准备工作，彻底清除表面上的杂物、灰尘和污渍，确保扫描时能够获取准确的物体表面信息。

3）安放仪器

将三维扫描仪放置在能够充分覆盖待扫描物体各个角度的位置，以便调整扫描仪的高度和角度，以适应物体的大小和形状。确保扫描仪稳固地固定在扫描位置，避免在扫描过程中发生移动或晃动，导致扫描结果失真。安放扫描仪之前，还需要仔细检查周围是否有其他物体挡住了扫描路径，确保扫描范围内无遮挡。

4）进行扫描

一切准备就绪后，开始进行扫描。根据需要，可手持扫描仪围绕物体旋转，或者让扫描仪在物体之间移动。在扫描过程中，需保持扫描仪的稳定和平稳运动，确保扫描数据的连续和一致。同时，需要避免快速运动或摄像头抖动，防止扫描数据失真。扫描时可以使用标记点或参考物体来帮助软件对不同扫描视图进行对齐。

5）换站扫描

在扫描较大的物体时，需要采用换站扫描的方式，即在一个位置完成扫描后，将物体移动到另一个位置继续扫描。这样做是为了扫描覆盖物体的各个面和角度，获得全面的扫描数据。完成第一次扫描后，需小心地移动物体到新的位置，确保位置和角度的准确。然后，继续扫描剩余部分。在进行换站扫描时，需要确保每次扫描位置的对齐和重叠，以获得完整且准确的三维数据。

2. 注意事项

三维扫描的外业对象通常为大型建筑、景观、文物等，在进行三维扫描外业工作时，有一些重要的注意事项，以确保扫描的准确性和高效性。

1）安全第一

在进入现场之前要进行彻底的安全评估，了解现场环境中可能存在的危险因素。对于户外扫描，特别需要关注地面是否稳固、周围是否有危险物体或结构，以及是否有高风险天气（如暴风雨、雷暴等）。团队成员必须严格遵守安全操作规程，佩戴个人防护装备（如安全帽、安全鞋等），并在需要时设置警示标志或隔离措施。

2）环境条件

在进行户外扫描时，要在天气晴朗、阳光充足的时段进行，避免强烈日照、阴雨天气或强风等不利因素对扫描数据的影响。必要时，可以用遮阳伞或防雨设备保护扫描仪和计算机。对于户外扫描，要注意地面条件。

3）稳定支撑

在户外场景中，地面可能不平整。务必将扫描仪稳固地固定在三脚架或其他稳固的支撑设备上，避免在扫描过程中产生晃动或抖动，确保扫描数据准确。

4）扫描覆盖范围

对于大型建筑、景观或文物，可能需要使用换站扫描或多个扫描视角来获取全面的扫描数据，确保没有遗漏重要的细节。在规划扫描路径时，要考虑不同角度的扫描，以便获取完整的三维信息。

5）参考点与标记

为了提高数据的准确性和一致性，可以使用参考点、标记物或天线棱镜等来辅助扫描仪对不同扫描视角进行对齐。这些参考点或标记物可以作为扫描的固定参照，确保扫描数据的准确。

6）扫描时间与数据管理

扫描较大区域需要较长时间，因此要确保扫描仪有足够的电池电量或备用电源来支持长时间的扫描工作。同时，要及时备份和管理扫描数据，确保数据的完整和安全。在现场进行数据预处理，可以及时发现数据中的缺失或错误，并进行必要的补救。

7）避免扫描遮挡

户外扫描中，可能会有人员、车辆或其他物体进入扫描区域，造成扫描遮挡。采取围栏、警示标志等措施防止无关人员进入扫描区域，注意避免这种情况的发生。如果遇到遮挡，可以通过换站扫描或调整扫描角度来处理，确保数据完整。

8）数据收集与记录

除了扫描数据外，还要记录扫描位置、参数设置、扫描时间等信息。这些记录有助于后期数据处理和重建工作，也是项目报告和文档的重要依据。

9）定期校准

户外环境会对仪器产生一定影响，在外业工作前，务必对扫描仪进行校准和检查，确保其性能和精度符合要求。定期校准可以保持扫描仪在各种环境条件下的准确。

10）团队合作

在户外扫描工作中，团队成员应密切协作，确保高效完成任务。清晰的沟通和分工合作可以避免不必要的错误和延误。

2.3.3　内业流程

1. 数据处理软件

软件在三维激光扫描系统中负责数据的获取、处理和可视化等任务。根据功能和用途的不同，软件可以分为两类：扫描仪自带的控制软件和专业数据处理软件。

1）扫描仪自带的控制软件

这些软件由激光扫描仪的制造厂家生产，并随扫描仪一同提供。常见的软件包括Riegl 的 RiscanPro、Optech 的 ILRIS-3D、徕卡的 Cyclone，以及 Trimble 的 PointScape 点云数据处理软件等。这些软件不仅可以获取激光扫描仪的原始数据，还具备一般的数据处理功能，例如简单的数据清理和初步分析。使用原厂家提供的控制软件可以确保最佳的兼容性和性能。

2）专业数据处理软件

专业数据处理软件构成了系统的第二个重要组成部分，主要由第三方厂商提供，并提供更丰富、复杂的功能。其能够读取和处理激光扫描仪生成的点云数据，并执行高级数据处理、建模和分析等任务。这些软件的功能包括点云影像可视化、三维影像点云编辑、点云拼接、影像数据点三维空间量测、空间三维建模、纹理分析和数据格式转换等。常见的专业数据处理软件包括 Imageware、PolyWorks、Geomagic 等。

由此可见，扫描仪自带的控制软件用于基本数据采集和处理，而专业数据处理软件则为用户提供了更高级和复杂的功能，使其能更好地应用和分析三维激光扫描数据。用户可以根据自己的需求选择合适的软件组合，以满足其具体的扫描和数据处理要求。

2. 数据处理流程

三维激光扫描系统的全部工作流程可分为外业数据获取和内业数据处理，内业数据处理主要包括激光点云生成，规则格网化，数据滤波、压缩，数据分类，特征提取，数据拼接，坐标纠正，质量分析和控制等环节。三维激光扫描数据处理是一个复杂的过程，从数据获取到模型建立，需要经过一系列的数据处理过程：通常包括数据配准（Data Registration）、地理参考（Geography Reference）、数据缩减（Data Reduction）、数据滤波（Data Filtering）、数据分割（Data Segmentation）、数据分类（Data Classification）、曲面拟合（Surface Fitting）、格网建立（Triangulation）、三维建模（3D Modeling）等方面。内业数据处理流程如图 2-19 所示：

1）数据配准

（1）概述

由于复杂目标物体的扫描通常需要从不同方位或位置进行多次测站扫描，导致每个测站的扫描数据都存在各自的坐标系统。为了将这些离散的扫描数据组合成一个完整、准确的 3D 模型，必须将其纠正到统一的坐标系统下。在坐标纠正的过程中，通过

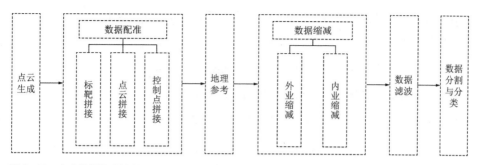

图 2-19　内业数据处理流程

在扫描区域设置控制点或标靶点，确保相邻区域的扫描点云图上有 3 个以上的同名控制点或控制标靶。通过对这些控制点的强制附和，可以将相邻的扫描数据统一到同一个坐标系下，解决不同测站之间的相对位置和姿态差异。常见的配准算法有四元数配准算法、六参数配准算法、七参数配准算法、迭代最近点算法（ICP）及其改进算法。目前，点云数据的坐标配准已经在国内外得到广泛研究，伴随着成熟的配准软件有 Cy-clone、PolyWorks 等的应用，有效实现了点云数据的拼接和 3D 模型的建立，为不同领域的应用提供了精确的数据支持。

（2）方法

A. 标靶拼接

标靶拼接是点云拼接中最常用的方法之一。在扫描 2 个或多个测站的公共区域，放置 3 个或 3 个以上的标靶。然后对目标区域进行扫描，获得扫描区域的点云数据。完成测站扫描后，再对放置在公共区域的标靶进行精确扫描，以便在拼接两个测站的数据时，能够有较高的精度拟合标靶。每个标靶都有唯一的 ID 号，确保在不同测站中相同的标靶 ID 号保持一致，以完成拼接。在扫描完成后，对各个测站的数据进行点云拼接。

B. 点云拼接

基于点云的拼接方法要求在扫描目标对象时要有一定的区域重叠度，并且目标对象的特征点要明显，否则无法完成数据的拼接。如果约束条件不足以完成拼接，则需要从有一定区域重叠关系的点云数据中寻找同名点，直至满足拼接的约束条件。这种方法下，点云数据的拼接精度可能会不高。

C. 控制点拼接

为提高拼接精度，可将三维激光扫描系统与全站仪或 GPS 技术联合使用。通过使用全站仪或 GPS 测量扫描区域的公共控制点的大地坐标，然后用三维激光扫描仪对扫描区域内的所有公共控制点进行精确扫描。在拼接过程中，将以坐标形式存在的控制点添加进去，并以该控制点为基准将扫描的多个测站的点云数据与其拼接，最终将所有扫描数据转换成工程实际需要的坐标系。使用全站仪获取控制点的三维坐标数据，其精度相对较高，因此数据拼接的结果精度也较高，误差一般在4mm以内。

3种拼接方法各有优缺点，根据实际应用需求和场景特点，选择合适的拼接方法可以实现高精度、完整的点云数据拼接，为后续的三维建模和分析提供可靠的数据基础。

2）地理参考

（1）概述

为获得点云数据的精确地理位置，需要增加地理参考，将仪器坐标系下的点云数据纠正到大地坐标系或地理坐标系下。这个过程通常称为地理参考或大地坐标纠正。

（2）方法

首先需要通过测量获取几个标靶点的大地坐标，这些标靶点的大地坐标是已知的，其可以作为参考点，用于将仪器坐标系下的点云数据纠正到大地坐标系下。标靶点的测量通常使用全站仪或GPS技术，这些设备能够测量出点的经度、纬度和高程等地理坐标信息。然后，将标靶点的大地坐标与仪器坐标系下的点云数据进行对应和匹配，以确定坐标变换参数，包括平移、旋转和尺度参数。

3）数据缩减

（1）概述

三维激光扫描仪在短时间内可以获取大量点云数据，特别是在高分辨率和大扫描区域的情况下，所获得的点云数据量会急剧增加。大量的数据会占用大量的系统资源，导致点云数据的存储、操作、显示和输出等处理过程变得缓慢，严重影响处理效率。为应对这个问题，需要对点云数据进行缩减以减少数据量，可通过例如采样、滤波、网格化、特征提取和聚类等多种方法实现。通过随机采样或规则采样，也可通过从点云数据中保留一部分数据点的方式减少数据量。

（2）缩减方法

数据缩减通常采用两种方法：数据获取阶段的外业处理、数据采集后的内业处理。

A. 数据获取阶段的外业处理

这种方法通过在采集点云数据时根据目标物体的形状和所需的分辨率设定不同的采样间隔达到目的。通过设置适当的采样间隔，可以减少点云数据中的数据点数量，从而降低整体数据量。也可以确保相邻测站之间没有过多的重叠区域，避免重复采集数据。

然而，这种简化处理的方式会致使一些细节信息可能会被忽略或丢失，进而导致点云数据的分辨率降低。

B. 数据采集后的内业处理

这种方法是在已经获得完整点云数据的基础上，采用算法对数据进行进一步的压缩和简化。常见的数据缩减算法包括基于 Delaunay 三角化的方法、基于八叉树的方法，以及直接缩减点云数据的方法。这些算法通过分析点云数据的空间结构和特征，去除冗余点、降低点云密度，以及保留重要的特征点，从而实现减少数据量。

在数据缩减的过程中，点云数据的优化通常分为两种方式：一是去除冗余数据，二是抽稀简化。冗余数据是指在多个扫描站配准后可能会生成大量重叠区域的数据。这些重叠区域的数据会占用大量资源，降低操作和存储效率，并可能影响后续的建模和分析过程。通过适当的处理，可以去除这些冗余数据，从而优化点云数据。另一方面，某些非重要站点的点云数据可能会出现点云过密的情况。为了降低数据量，可以采用抽稀简化的方法。抽稀简化的方法有很多种，其中简单的方法是通过设置点间距实现，复杂的方法可能涉及利用曲率和网格等技术。

4）数据滤波

（1）概述

数据滤波是地面三维激光扫描数据处理的一个基本操作。对于获取的点云数据，不可避免地会存在噪声点。产生噪声点的原因主要有以下 3 种：

由被扫描对象表面因素产生的误差，例如受不同的粗糙程度、表面材质、波纹、颜色对比度等反射特性引起的误差，当被摄物体的表面较黑或者入射激光的反射光信号较弱等光照环境较差的情况下很容易产生噪声。

偶然噪声，即在扫描实施过程中由于一些偶然因素造成的点云数据错误，如在扫描建筑物时，有车辆或行人在仪器与扫描对象间经过，这样得到的数据就是直接的"坏点"，这些"坏点"应该删除或者过滤掉。

由测量系统本身引起的误差，比如扫描设备的精度，CCD 摄像机的分辨率、振动等因素。对于目前常见的非接触式三维激光扫描设备，受到物体本身性质的影响更大。

如不对点云数据进行降噪处理，这些噪声点将会影响特征点提取的精度和重建 3D 模型的质量，导致重构曲面、曲线不光滑，降低模型重构的精度。通过对原始扫描数据进行分析发现，若不对点云进行降噪处理，构建的实体形状与原研究对象会大相径庭。因而在 3D 模型重建之前，需对点云数据进行降噪处理。

（2）降噪方法

在处理由随机误差产生的噪声点时，要充分考虑点云数据的分布特征，根据分布特征采用不同的噪声点处理方法。目前点云数据的分布特征主要有：扫描线点云数据、阵列式点云数据、三角化点云数据、散乱点云数据。第一种数据属于部分有序数据，第二种和第三种数据属于有序数据，这3种形式数据的数据点之间存在拓扑关系，可采用平滑滤波的方法进行降噪处理。常用的滤波方法有高斯滤波、中值滤波、平均滤波。对于散乱点云数据，由于数据点之间没有建立拓扑关系，目前还没有一种快速、有效的降噪处理方法。

对于散乱点云数据滤波的处理方法主要分两类：

将散乱点云数据转换成网格模型，然后运用网格模型的滤波方法进行滤波处理；直接对点云数据进行滤波操作，常见的散乱点云数据滤波方法有双边滤波算法、拉普拉斯（Laplace）滤波、二次 Laplace 方法、平均曲率流、鲁棒滤波算法点云降噪处理。

5）数据分割与数据分类

（1）概述

对三维激光扫描点云数据进行分割的目的是将点云数据划分成不同的子集或区域，以便进行关键地物信息的提取、分析和识别。分割的准确性直接影响着后续任务的有效性和结果可信度。

尽管在过去人们对点云数据的分割进行了大量的研究，并提出了针对不同具体应用的多种分割算法，但目前尚缺乏通用的分割理论和适用于所有点云数据的普适性算法。这主要归因于点云数据的特殊性和复杂性。点云数据的非结构化和稀疏性，以及可能存在的噪声和不完整信息，导致点云数据分割困难。另外，不同扫描设备、场景和应用需求也会使点云数据的特征存在差异。

（2）方法

目前，三维激光扫描系统的点云数据分割主要采用3种算法：基于边界的分割、基于表面的分割和基于扫描线的分割。目前，数据分割主要依靠手动完成，根据需要将点云数据划分成不同的子集，以便进行曲面拟合等操作。自动分割通常用于针对平面的分割，采用区域增长算法来实现对点云数据的自动分割。此外，还可以针对模型库中的组件进行自动分割，以便完成曲面拟合等操作。

在逆向工程中，根据点云数据获取方式和处理目的的不同，点云数据的分类方式也会有较大的差异。常见的分类方式包括平面、球面、圆柱面、圆锥面、规则扫描面，以及一般的自由曲面等几种几何面形式。通过将点云数据划分为不同类型，并根据这些类型对点云数据进行分割，可以采用组件库中已有的模型，并通过曲面拟合的方法建立目标物体的表面模型。这在逆向工程建模中得到广泛应用。

经过过滤后仍非常复杂、曲率变化较大的实体点云数据，会增加表示曲面的数学模型和处理拟合算法的难度，导致无法用相对简单的数学表达式描述 3D 模型，即使使用专业软件进行处理也很困难。因此，为保证建模精度和节约时间成本，通常在三维建模之前会将复杂的整体点云数据进行分割，采用"先分割、再拼接"的思想，最后进行整体匹配以恢复原始实体的形状。数据分割是根据组成研究对象外形曲面的子曲面类型，将原始扫描数据划分到不同的点云子集中，以便将属于同一子曲面类型的数据成组处理。这样的分割过程可以更好地适应不同复杂度和形状的目标物体，从而提高逆向工程中的建模效率和精度。

2.3.4　测绘实践中的应用

1. 置石测绘中的应用

三维扫描技术能很好地表示复杂物体表面，非常适用于具有复杂曲面的置石的测绘过程中，在置石测绘方面的运用，如图 2-20 ~ 图 2-23 所示。

图 2-20　神运石测绘

图 2-21　寿石测绘

图 2-22　九狮石测绘

图 2-23　黄龙吐翠测绘

2. 假山测绘中的应用

　　三维扫描技术在假山中的应用较置石难度更大。假山的大体量，所需扫描站点多，不仅需要合理规划扫描仪的扫描点位，还需要结合点位分布、点位通视情况及根据现场观测条件编制观测计划，确保观测方法合理、测点准确，如图 2-24 ～图 2-27 所示。

图 2-24　蒋庄假山测绘

图 2-25　抱朴道院假山测绘

图 2-26　黄龙洞假山测绘

图 2-27　月岩测绘

2.4　多技术结合测绘

2.4.1　概述

1. 概念

多技术融合测绘是指将多种数据采集技术（如三维扫描技术、近景摄影技术、倾斜摄影技术等）与不同处理方式结合起来的方法。这种方法能提高测绘结果的准确和完整，同时也能够丰富假山数据的内容和信息，为假山测绘提供便利。在假山测绘中可以用到多技术融合测绘的情况有很多，主要包括以下几个方面：

1）形态复杂的假山

当所测绘的假山具有复杂的形态和结构时，单一的采集技术难以全面捕捉到假山细节与特征，可以采用多技术融合测绘的方法。如对胡雪岩故居中寿石的测绘。

2）大范围的假山测绘

当需要对大范围的假山进行测绘时，因其高度、规模、体量过大，单一的采集技术会面临数据稀疏、缺失、分辨率不足等问题，这就需要结合多种数据采集方式来进行测绘。如对抱朴道院前的假山测绘。

3）假山周边环境的限制

园林中假山与植被、建筑等要素相互紧密融合，假山可能处在平地之上，也可能处在水池之中、粉墙黛瓦之前、真山山麓之下。假山所处环境为测绘带来的许多不便，使得在假山测绘时采用单一的采集技术难以获取假山的全部数据信息，这种情况下可以采用点云多技术结合采集的方法，对假山及周边环境进行全景式的测绘。如对西湖三潭印月中九狮石的测绘。

2. 基本原理

多技术结合测绘是综合无人机倾斜摄影技术、相机近景摄影技术、架站式和手持式三维激光扫描技术的一种测绘方式，通过对多种方式获取到的不同形式的测绘数据进行校正、对位、拼接、降噪等方式进行处理，一同形成点云数据。在此基础上，对点云数据进行整合、模型构建等操作，获取到几何模型，最终通过3D打印等表现方式形成三维测绘产品。

3. 技术路线

外业数据获取可使用无人机倾斜摄影技术、相机近景摄影技术、架站式和手持式三维激光扫描技术等方式来进行假山数据采集（图2-28）。

其中，架站式扫描仪可在作业空间大、环境开阔、植物等遮挡物少的环境下应用；手持式扫描仪可在作业空间狭小、植物遮挡严重的情况下应用，可以对障碍物遮挡的假山石进行补测；无人机主要应用在空间坐标定位校准、高度过高导致扫描仪无法捕捉的山石顶部、纹理等情形下；相机是近景摄影技术所使用的设备，可对遮挡严重的山石细部纹理补充。

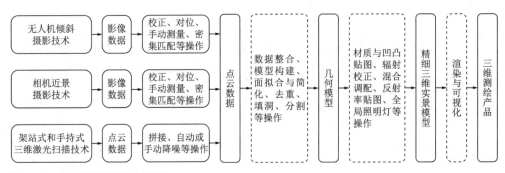

图2-28　多技术融合测绘技术路线

对于多技术测绘所获取到的假山数据，可以使用 FARO SCENE、Trimble RealWorks、Geomagic Wrap、Agisoft Metashape 等软件进行数据处理与融合（图 2-29）。

4. 特点

1）对测绘人员技术要求高

多技术结合测绘需要同时使用多种测绘设备，因此要求测绘人员能够安全使用三维激光扫描仪、无人机、照相机、手持式扫描仪等多种仪器，对测绘人员的实操能力具有一定的要求。

2）能够应对多种复杂的测绘场景

多技术结合测绘绝大程度上解决了场地对于测绘内容的限制，如在水中的置石、高差达 10m 的假山等。但对于茂密、高大植物等元素遮挡的问题，多技术结合的测绘仍难以完全解决。

（a）

（b）

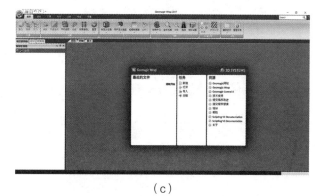

（c）

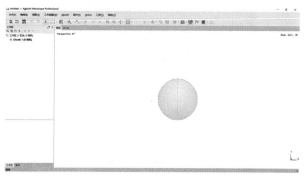

（d）

图 2-29　多技术结合测绘所使用到的软件的应用界面
（a）FARO SCENE；
（b）Trimble RealWorks；
（c）Geomagic Wrap；
（d）Agisoft Metashape

3）测绘结果完整且精度高

例如对于水中置石的测绘，单一的三维扫描技术测绘存在着无法扫描置石背面的情况，因此需要使用无人机进行近景摄影，以保证测绘结果的完整性，大大提高了测绘的精度。

4）数据处理软件多

由于测绘中使用到多种测绘设备，测绘结果也有多种形式，因此需要用到多种数据处理软件，如 FARO SCENE、Trimble RealWorks、Geomagic Wrap、Agisoft Metashape 等。

2.4.2 测绘实践中的应用

基于多技术结合测绘方式能够应对多种复杂测绘场景这一显著特点，假山测绘中主要应用在水中置石、大型假山等场景中。如对于九狮石的测绘（图 2-30、图 2-31）。

图 2-30 九狮石测绘三维扫描技术

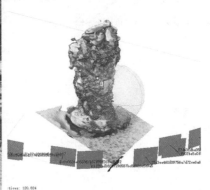

图 2-31 近景摄影技术

第 3 章　3D 打印技术

3.1 概述

3.1.1 概念

3D 打印技术，也被称为添加制造（Additive Manufacturing，AM），是一种先进的制造方法。它与传统的减法制造不同，采用逐层添加材料的方式来构建三维实物物体。该技术最早起源于 20 世纪 80 年代后期，当时被称为"快速原型制造技术"（Rapid Prototyping Manufacturing，RPM）。

起初，该技术主要应用于快速制作产品原型，为设计师和工程师在产品开发的早期阶段提供验证和改进的机会。随着技术的不断进步和创新，3D 打印技术的应用范围逐渐扩展。除了快速原型制造，它已涉足航空航天、医疗、汽车、建筑、消费品等各个领域，成为跨行业的重要制造技术。

在材料范围上，3D 打印技术的发展取得了重大突破。初始阶段，主要应用于塑料材料的打印，但随着技术进步，逐渐涉及金属、陶瓷、树脂、生物材料等多种材料的打印。这使得 3D 打印技术在不同领域和应用中变得更加多样和灵活。例如，金属 3D 打印在航空航天和汽车行业中得到广泛应用，生物材料的打印为医疗领域带来了革命性的变化，陶瓷和树脂的应用也不断拓展。现在，已经能够实现大型 3D 打印，3D 打印技术在建筑和基础设施建设等大型结构的制造中得到广泛应用，带来了建筑业的创新，可以高效地制造建筑模型和构件，大大降低了制造成本和时间。

3.1.2 主要技术及原理

1. 叠层实体制造工艺

叠层实体制造（Laminated Object Manufacturing，LOM）是一种先进的 3D 打印工艺，它以箔材作为原材料，通过激光扫描或切刀运动直接切割箔材，并逐层堆积形成最终的三维实体制品（图 3-1）。

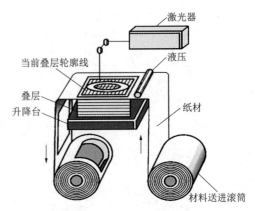

图 3-1 叠层实体制造工艺的原理

2. 熔融沉积成型工艺

熔融沉积成型（Fused Deposition Modeling，FDM）是一种常见的 3D 打印工艺，也被称为熔融沉积制造。它是由 Stratasys 公司于 1988 年首次商用化并得到广泛应用的一种增材制造技术。熔融沉积成型工艺采用熔融的塑料线材或金属丝材料，通过热喷头将材料逐层堆积并熔化，逐步构建三维物体（图 3-2）。熔融沉积成型工艺在原型制作过程中通常需要添加支撑材料来支撑模型的悬空或悬挂结构。为节省材料成本和提高沉积效率，一些新型的熔融沉积成型设备采用了双喷头技术，其中一个喷头用于沉积模型材料，另一个喷头用于沉积支撑材料（图 3-3）。

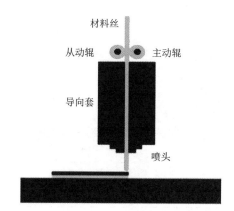

图 3-2　熔融沉积成型工艺原理

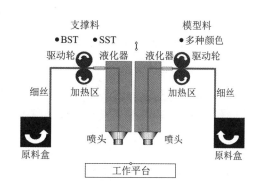

图 3-3　双喷头熔融沉积工艺的基本原理

3. 光固化成型工艺

光固化成型工艺（Stereo Lithography Appearance，SLA）是一种常见的 3D 打印技术，采用紫外线激光或类似光源，通过逐层固化液态光敏树脂来构建三维物体（图 3-4）。液槽中盛满液态光敏树脂，在控制系统的控制下，氦—镉激光器或氩离子激光器发出的紫外激光束按照零件各分层的截面信息，对液态树脂表面进行逐点逐线扫描，被扫描区域的树脂产生光聚合反应而固化，形成零件的一个薄层；当一层完成固化后，工作台下移一层的厚度，接着进行下一层的扫描固化，新的固化层与上一层黏合为一体；如此反复，直至整个零件制作完成。

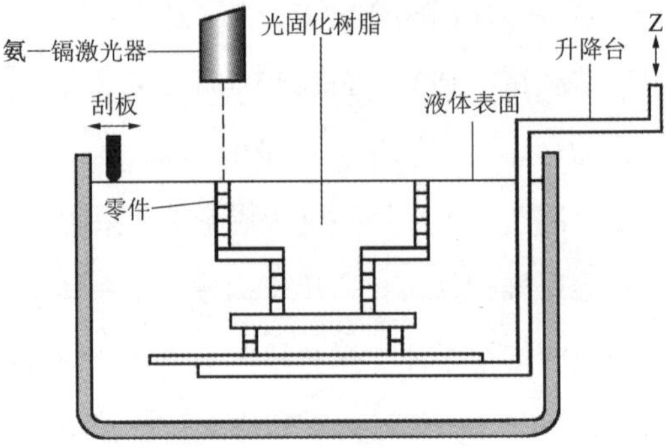

4.选择性激光烧结工艺

选择性激光烧结（Selective Laser Sintering，SLS）是一种革命性的增材制造技术，用于制造三维物体。与传统的加工方法不同，该工艺采用粉末材料为原材料，通过激光束的逐层扫描和烧结来直接构建复杂的零件（图3-5）。

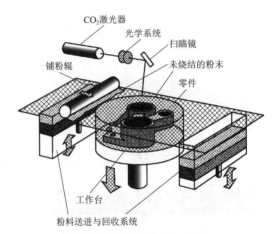

图3-4 光固化成型工艺原理

5.三维喷涂粘结工艺

三维喷涂粘结工艺，又称为粘结剂喷射成型（Binder Jetting，BJ），是一种创新的 3D 打印技术，它在增材制造领域扮演着重要的角色（图3-6）。该工艺利用喷涂粘结剂来粘结细粉末材料，逐层叠加构建复杂的三维零件。这项技术的突破在于克服了传统制造方法中的许多限制，使得制造复杂结构、个性化产品和小批量生产变得更加容易和经济高效。

图3-5 选择性激光烧结工艺的基本原理

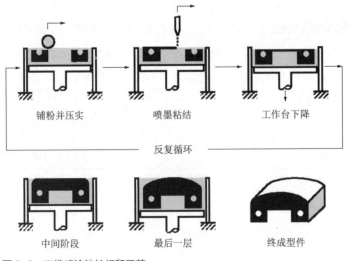

铺粉并压实　喷墨粘结　工作台下降

反复循环

中间阶段　最后一层　终成型件

图3-6 三维喷涂粘结打印工艺

3.1.3　特点

1. 增材制造

3D 打印技术是一种增材制造方法，通过逐层添加材料的方式构建物体。在传统减材制造方法中，通过从原材料中去除多余部分的方式构建物体；而在 3D 打印中，材料是逐渐堆积起来形成最终物体。

2. 高度定制化

3D 打印技术能够实现个性化和定制化生产。每个零件都可以根据需求单独制造，无需额外的工具或模具，满足个体用户的需求，同时降低废料和库存成本。

3. 复杂结构制造

3D 打印技术可以创建具有内部空腔、螺旋形结构、梯度材料等复杂特征的零件，为产品的性能和功能带来突破性改进，这些结构在传统制造方法下难以实现。在航空航天、医疗器械、汽车和工程等领域，3D 打印已经被广泛用于制造复杂组件。

4. 资源节约和环保

3D 打印技术可以根据需求逐层添加材料，避免了传统制造方法中材料浪费的问题。传统加工过程中，需要将原材料多余部分切削或去除，过程中会产生大量废料。而 3D 打印技术是一种零废料的制造方法，材料利用率更高，过程中减少了资源消耗和环境影响。

5. 制造复杂组件

在传统制造方法中，生产复杂的组件需要多个部件组装，而 3D 打印可以一次性制造整个组件，减少了零部件之间的接口和组装问题。这不仅简化了制造流程，还提高了产品的整体质量和稳定性。

6. 制造多材料组合

部分 3D 打印技术允许在同一零件中使用多种不同材料。在医疗领域，将生物医用材料与金属材料结合，可以制造出既具有生物相容性又具备机械性能的医疗器械。这为制造具有特殊性能和功能的产品提供了可能性。

综上所述，3D打印技术的特点使它成为一种革命性的制造方法，深刻地影响了制造业和其他领域。随着技术的不断发展和创新，它在产品设计、制造流程和供应链中将继续扮演越来越重要的角色，推动着制造业向更智能、高效和可持续的方向发展。

3.2　打印流程

3.2.1　基本步骤

1. 设计模型

这是3D打印流程的第一步，需要使用计算机辅助设计（CAD）软件来创建一个3D模型。设计师可以通过绘制、拉伸、变换和组合几何图形来构建模型的形状和细节，也可以导入现有的3D模型。

常用的3D建模软件有AutoCAD、Autodesk 123D、UG、Creo（Pro/E）、Solidworks、Catia、Cimatron、Rhino、ZBrush、Maya、3ds Max等。此外，现在还有一些3D扫描技术，可以将现实物体扫描成数字模型。

2. 切片处理

一旦设计模型完成，接下来的步骤是将3D模型切片成许多薄的二维层，这一过程称为切片处理。切片软件将3D模型转换成由许多二维图像组成的切片堆栈。每个切片代表3D打印过程中的一个水平层面。在切片处理中，可以设置打印的层厚、打印速度、填充密度和支撑结构等参数。切片处理完成后，将生成的切片文件导入到3D打印机进行打印。

3. 打印准备

首先，要选择合适的打印材料，根据打印材料的性质和要求，安装对应的打印头或喷嘴。然后校准打印床或平台，确保打印过程中打印层的精确定位和平整。此外，还需要设置打印机的参数，包括打印温度、打印速度、层厚等，以便根据打印需求进行调整。

4.打印过程

3D 打印机会根据切片文件中的指令，将打印材料逐层堆叠在一起，从底层开始，逐渐堆叠形成一个完整的三维实体。在打印过程中，根据所采用的打印技术的不同，需要使用不同的打印原理和能量源，如熔融沉积成型（FDM）中使用熔化的塑料丝，光固化成型中使用液体光敏树脂并通过紫外光固化它，选择性激光烧结中使用激光束将粉末层烧结在一起等。

5.构建支撑

在某些情况下，打印的模型可能需要支撑结构来保持稳定性。这些支撑结构通常是在打印过程中同时打印的，来支撑打印物品的悬空部分或悬臂结构。然而，在打印完成后，需要去除这些支撑结构。

6.打印完成与后处理

当打印过程结束后，打印机会发出提示。等待打印物品冷却后，从打印床或平台上取下。在某些情况下，可能需要进行一些后处理步骤，如去除支撑结构、表面光滑处理或涂上特殊涂层以提高零件的表面质量和功能性。最终获得一个完整、精确、外观优雅并具备所需性能的 3D 打印产品。3D 打印流程如图 3-7 所示。

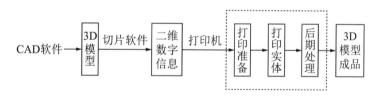

图 3-7　3D 打印流程

3.2.2　注意事项

3D 打印是一项复杂的技术，需要谨慎操作和维护。遵循上述注意事项，可以确保打印过程安全和打印结果质量，并充分发挥 3D 打印技术在原型制作、小批量生产和定制制造等领域的优势。

1. 材料选择

在选择打印材料时，需要考虑多个因素，如打印物品的用途，要求的强度、耐热性、化学稳定性等。不同的材料具有不同的特性，如 ABS 塑料适用于机械零件，光敏树脂适用于高精度的光固化打印。除了物理性质，还要考虑材料的成本和供应情况。

2. 打印环境

一些 3D 打印技术对温度、湿度要求较高，保持合适的打印环境对于打印结果至关重要，例如光固化成型对光敏树脂的灵敏度受环境湿度影响较大。建议将打印机放置在干燥、通风良好的空间，避免温度和湿度的快速变化。

3. 打印床调平

保持打印床的平整和水平对于打印成功至关重要。不平整的打印床可能导致打印物品的一侧较薄或粘附不良。定期检查和调整打印床，确保其与打印头的距离适当。

4. 打印速度和温度

打印速度和温度会对打印结果产生显著影响。打印速度过高可能导致打印物品外观不光滑，温度过低可能导致打印材料粘附不良。根据打印材料的要求和打印物品的复杂程度，适当调整打印速度和温度，以获得最佳的打印效果。

5. 监控和维护

定期监控打印机的运行状态，检查打印头和打印床是否清洁，避免材料堵塞和打印中断。及时处理任何异常情况，如打印头偏移或打印物品失真。同时，定期维护打印机，包括清洁和更换关键部件，有助于维持打印机的正常运行和延长使用寿命。

6. 注意安全

3D 打印的过程涉及高温和高能量，因此要特别注意安全。操作人员应避免触摸热的打印头或热床发生烫伤。对于光固化打印，操作人员要注意避免长时间暴露在紫外光下，以防眼睛或皮肤受损。

7. 后处理

在打印完成后，需要进行一些后处理步骤来提升打印物品的外观和性能。例如，去除支撑结构、对打印物品进行砂纸打磨和涂覆特殊涂层等。这些后处理有助于改善打印物品的表面光滑度和精度，并确保打印结果质量。

3.3　设备与材料

3.3.1　硬件设备

1. FDM 3D 打印机

1）打印机外观形态

设备外观结构如表 3-1 所示：

设备外观结构　　　　　　　　　　　　　　　　　　　　　表 3-1

图示	序号	名称
	①	显示窗
	②	U 盘窗口
	③	把手
	④	亚克力窗
	⑤	定向轮

2）打印机内部结构

打印机内部结构如表 3-2 所示：

打印机内部结构　　　　　　　　　　　　　　　　　　表 3-2

图示	序号	名称
 	①	挤出机
	②	电机
	③	拖链
	④	加热模组
	⑤	喷头模组
	⑥	丝杆
	⑦	光杆
	⑧	打印平台
	⑨	打印头

3）FDM 3D 打印机工艺技术

是一种熔融沉积成型工艺技术，利用高温熔化材料，打印头将丝状热熔性材料加热熔化通过一个微细喷头挤喷出，后等待材料冷却固化，层层堆积形成立体实物。喷头沿 X 轴、Y 轴方向移动，工作台沿 Z 轴方向移动。若热熔性材料的温度始终稍高于固化温度，就能保证该材料挤喷出喷嘴后与前一层面熔结。之后，工作台按预定增量下降一层厚度，再继续熔喷沉积，直至完成整个实体造型。

4）FDM 3D 打印机性能

FDM 3D 打印机相关性能如表 3-3 所示：

FDM 3D 打印机性能介绍　　　　　　　　　　　　　表 3-3

项目	规格
技术原理	FDM 熔丝制造技术
打印喷头	高精度挤出系统（支持快捷换喷头）
喷头直径	0.2mm、0.3mm、0.4mm、0.6mm、0.8mm、1.0mm、1.2mm
耗材直径	1.75mm
打印材料	PLA、TPU、95A、PETG、水溶性材料、木质 PLA；可定制 ABS、PC、PP、尼龙、碳纤维、金属填充材料、玻纤维增加材料等
定位精度	X 轴 0.0011，Y 轴 0.0011，Z 轴 0.00125
打印层厚	0.05 ~ 0.3mm
打印速度	20 ~ 300mm
打印平台	加热铝基板 + 黑晶玻璃平台
平台温度	30 ~ 90℃（可选 30 ~ 120℃）
平台校准	自动预校准校平
喷头温度	75 ~ 300℃
运行噪声	50dB
喷头数量	单喷头（可定做双喷头）
屏幕控制	7 寸全彩触屏（支持多语言）
机箱结构	3mm 加厚钣金、全密封机箱
过滤功能	2 个空气过滤装置
灯光照明	LED 照明
机械传动	双联动龙门式机床级直线导轨

2. 拓竹（Bambu Lab）P1P 打印机

1）打印机主要组件介绍

拓竹 P1P 打印机是深圳拓竹科技发布的高速 3D 打印机，其主要组件如图 3-8 ~ 图 3-13 所示：

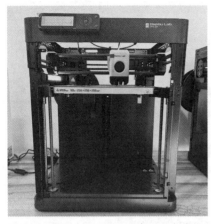

图 3-8　拓竹（Bambu Lab）P1P 打印机

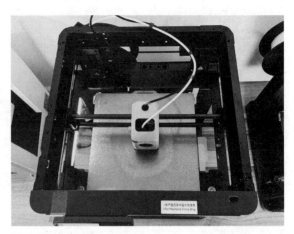

图 3-9　运动系统

图 3-10　挤出机

图 3-11　热床

图 3-12　皮带张紧器

图 3-13　打印操控面板

2）技术参数介绍

拓竹 P1P 打印机性能参数如表 3-4 所示：

拓竹 P1P 打印机性能参数　　　　　　　　　　　　　　　　　　表 3-4

项目	规格
打印尺寸（长 × 宽 × 高）	256mm × 256mm × 256mm
喷嘴最高温度	300℃
喷嘴直径（默认自带）	0.4mm
线材直径	1.75mm
可支持的打印面板	双面纹理 PE 打印面板、低温打印面板、高温打印面板、工程材料打印面板
热床支持最高温度	100℃
适合打印耗材	PLA、PETG、TPU、ASA、PVA、PET
可以打印耗材	尼龙线材（PA）、聚碳酸酯线材（PC）、ABS
不推荐	碳 / 玻璃纤维增强线材
产品尺寸	386mm × 389mm × 458mm
切片软件	Bambu Studio 支持其他可导出标准 G 代码的第三方切片机，如 Superslicer、Prusaslicer 和 Cura，但部分智能功能可能不支持

3.3.2　软件设备

1. ideaMaker

ideaMaker 是一款专业的 3D 打印切片软件，广泛应用于各类 FDM/FFF 3D 打印机，帮助用户对 3D 模型进行处理，对 3D 打印机进行操作，为不同的 3D 打印机、耗材和模型创建个性化配置，方便快速存储配置，以备后用。

同时，ideaMaker 功能齐全。它可以轻松构建纹理结构，能够跳过 CAD 漫长的处理过程，直接对模型进行多样化处理；可以自定义支撑结构，界面简洁易操作，编辑顺畅无障碍；其参数能自动优化，保障表面质量的同时，尽量控制支出和耗时平衡；可对选定区域多项参数进行调整，提高 3D 打印模型质量。

总体而言，ideaMaker 强大而易用，能够帮助用户高效地进行数字模型的切片处理。无论是个人用户还是企业用户，都可以通过该软件实现高质量的切片，提升生产效率。

2. Bambu Studio

Bambu Studio 是一款开源、尖端、功能丰富的切片软件。它包含了基于项目的工作流，系统化的切片算法，以及易于使用的图形界面，为用户带来令人难以置信的流畅打印体验。

Bambu Studio 提出了领先的工作流程，实现了"一体化"项目。基于主流的 3MF 项目格式，它提供了一系列革命性的新功能，如支持多盘、项目资源管理器和装配 / 零件视图。它可以大幅提高模型创作者及普通用户的使用效率，在保持高质量的前提下进行高速打印。支持"圆弧移动"特性，使工具头移动更加顺滑，有效减少机器振动。基于不同材料类型的精细标定过的冷却控制参数，使得冷却过程可以自动开展。在悬垂区域进行"自动减速"，可防止高速打印时在此区域出现外观瑕疵。

此外 Bambu Studio 提供了多种着色工具来制作彩色模型。可以在项目中自由添加 / 移除打印材料，并使用不同的笔刷为模型着色。支持通过 WAN/LAN 网络向打印机发送打印任务，控制和查看 3D 打印机和打印任务的各个方面，为 3D 打印提供了极大的便利。

3.3.3 工具材料

常见的 3D 打印材料包括尼龙、树脂、石膏、工程塑料、金属等，在进行假山模型打印时通常采用尼龙作为原材料。

1. 尼龙

聚酰胺纤维，俗称尼龙，其最突出的优点是，耐磨性高于其他所有纤维，比棉花耐磨性高 10 倍，比羊毛高 20 倍，在混纺织物中稍微加入一些聚酰胺纤维，可大大提高其耐磨性，经受上万次折挠而不断裂。

尼龙粉末材料结合激光烧结成型（SLS）工艺，可以制作出色泽稳定、抗氧化性好、尺寸稳定性好、产品喷漆效果好、机械性能优异、吸水率低、易于加工的塑料件。

2. 树脂

树脂由聚合物单体与预聚体组成，其中添加了光（紫外线）引发剂（或称光敏剂）。在一定波长的紫外线（250 ~ 300nm）照射下立刻引起聚合反应。

树脂也叫 UV 树脂，一般为液态，常用于制作具备高强度、耐高温、防水等特点的部件。Somos 19120 材料为粉红材质，是一种铸造专用材料，具有低留灰烬和高精度的特点。

Somos 11122 材料为半透明材质，类 ABS 材料，抛光后能做到近似透明的艺术效果。此种材料广泛用于医学研究、工艺品制作和工业设计等行业。Somos Next 材料为白色材质，类 PC 新材料，材料韧性较好，精度和表面质量佳，制作的部件拥有最先进的刚性和韧性。

3. 石膏

石膏是一种优质的复合材料，在粉末状时，石膏颗粒均匀细腻，白颜色，使用这种材料打印的模型可磨光、钻孔、攻丝、上色并电镀，二次加工具有较高的灵活性。

操作者可以采用石膏材料，并利用彩喷打印技术（CJP）构建坚固的、高分辨率的全彩色模型。石膏材料的应用行业包括运输、能源、消费品、娱乐、医疗保健、教育等。材料质感类似岩石，后处理时可以根据需要使用不同的浸润方法。全彩色石膏模型易碎，需妥善保管。

4. 工程塑料

工程塑料可作工程材料和代替金属制造机器零部件的塑料。工程塑料具有优良的综合性能，刚性大、蠕变小、机械强度高、耐热性好、电绝缘性好，可在较苛刻的化学、物理环境中长期使用，可替代金属作为工程结构材料使用，但价格较贵，产量较小。

工程塑料是被用作工业零件或外壳材料的塑料，是强度、耐冲击性、耐热性、硬度，以及抗老化性均优异的塑料。PC 材料是真正的热塑性材料，具备工程塑料的所有特性。高强度、耐高温、抗冲击、抗弯曲，可以作为最终零部件使用，应用于交通工具及家电行业；PC-ISO 材料是一种通过医学卫生认证的热塑性材料，广泛应用于药品及医疗器械行业，应用于手术模拟、颅骨修复、牙科临床治疗等专业领域，PC-ABS 材料是一种应用最广泛的热塑性工程塑料，应用于汽车、家电及通信行业。

5. 金属

合金是由两种或两种以上的金属或金属与非金属，经一定方法所合成的具有金属特性的物质。一般通过熔合成均匀液体再凝固而得。根据组成元素的数目，可分为二元合金、三元合金和多元合金。

3D 打印金属粉末材料包括钴铬合金、不锈钢、工业钢、青铜合金、钛合金和铝镁合金等。但是 3D 打印金属粉末除需具备良好的可塑性外，还必须满足粉末粒径细小、粒度分布较窄、球形度高、流动性好和松装密度高等要求。

第4章 测绘实践

4.1　置石测绘

4.2　假山测绘

4.3　打印实践——蒋庄假山

视频　九狮石测绘实践与
打印实践实例演示

4.1　置石测绘

4.1.1　陆地置石——神运石

1. 神运石简介

神运石是位于浙江省杭州市西湖区龙井村的一块名石（图 4-1）。神运石兀立在龙井泉池旁，约一人高，石体瘦硬，状若游龙，岩状结构与龙井村所在的山体同为石灰岩。

神运石，原在龙井泉池中，明正统十三年（1448 年）淘井时，由 80 名大力士一起发力，才从井中将这块奇石取出。因石上原刻有行草书的"巉镍神运石，下有玉泓池"十字，故名"神运石"。石上题刻纵横有法，"运""池"二字独大，酷似"宋四家"之一米芾的手笔。神运石出水后，置放在龙井泉池旁的龙祠檐下，当时寺僧曾在石旁种植攀援植物木香一架，让藤蔓缠绕于石上，细枝甚至穿过石上孔窍，宛若有龙蟠踞（图 4-2）。

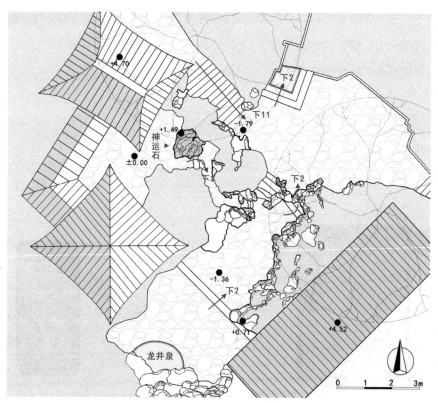

图 4-1　神运石位置

图 4-2 神运石特写

2. 外业测绘步骤

本次测绘采用的平板电脑型号为 iPad Pro 11 英寸（第二代），设备参数如下：8 核处理器，iPadOS14 操作系统，3 枚后置摄像头（点云广角：1200 万像素和 f/1.8 光圈，超广角：1000 万像素、f/2.4 光圈和 125° 视角），搭载激光雷达扫描仪、3 轴陀螺仪、加速感应器、气压计、环境光传感器，重约 473g（图 4-3）。

使用的扫描软件为 Scaniverse（V2.1.8），由 Toolbox AI 团队开发，可免费下载使用，是一款直接用手机捕获、编辑和共享 3D 模型的三维扫描软件，它使用摄影测量和激光雷达来构建具有高保真度的 3D 模型（图 4-4）。

操作流程如下：

1）基础设置

打开软件，进入主界面左上角的"设置（Settings）"，选择测量单位"米（METERS）"，打开"网格简化（Mesh Simplification）"，如图 4-5 所示。

图 4-3 iPad Pro 11 英寸（第二代）　图 4-4 Scaniverse 官网

2）数据采集

点击主界面下方红色"+"图标（NEW SCAN）开始扫描［图 4-6（a）］，选择与被测对象尺度相符的扫描模式（Scan Size），通常选择"中等尺度（Medium Object）"扫描假山即可［图 4-6（b）］。

红白条纹表示仍需扫描的区域［图 4-6（c）］，条纹消失即表示数据采集完成；记录按钮右侧的暂停键可以临时暂停/继续扫描。

图 4-5　基础设置

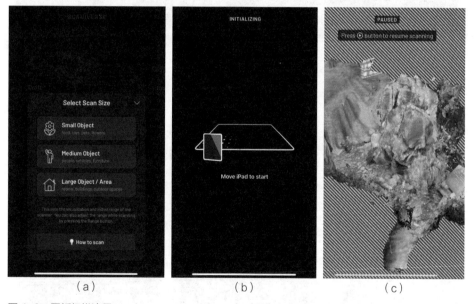

|　　（a）　　|　　（b）　　|　　（c）　　|

图 4-6　平板扫描流程
（a）扫描模式；（b）开始扫描；（c）暂停扫描

3. 内业处理步骤

1）数据处理

选择"处理模式（Processing Mode）"，有"速度"（Speed）、"区域"（Area）、"细节"

（Detail）3种模式，对假山模型精度要求较高的可以选择细节模式，点击即开始处理，处理完成后选择保存（图4-7）。

2）模型导出

处理完成后点击界面下方菜单栏最右侧"共享（Share）"按钮，可通过电子邮件或无线传输共享模型的预览效果，选择"模型导出（Export Model）"即可直接导出多种主流模型格式文件（FBX、OBJ、GLB、USDZ、STL）、点云文件（PLY、LAS），通常选择较为常用的OBJ模型文件格式、LAS点云文件格式（图4-8）。

3）点云处理

使用Trimble RealWorks点云处理软件进行精化后即可得到更精细完整的点云模型。

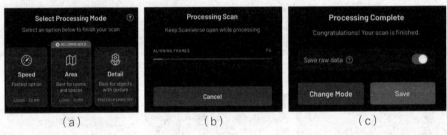

（a）　　　　　　　（b）　　　　　　　（c）

图4-7　数据处理步骤

（a）处理模式；（b）处理扫描；（c）保存扫描

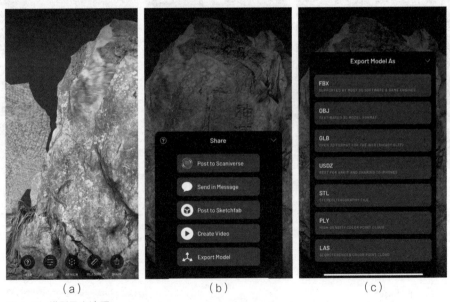

（a）　　　　　　　（b）　　　　　　　（c）

图4-8　模型导出流程

（a）菜单栏图；（b）共享模型预览；（c）模型导出

第一步：将导出的模型导入 TRW 点云处理软件（图 4-9）。

第二步：点云降噪。在导入完成后，需要对点云数据进行降噪，即剔除不需要的部分点云。点击软件左上角区域，将软件调整为"分析 & 建模"模式（图 4-10）。若视图不显示图像，则将左下角"列表"栏中项目前的"小灯泡"按钮点亮即可（图 4-11）。

第三步：点击"开始"菜单栏下的"分割"工具（图 4-12）。

第四步：使用选择工具选择所要删除的点云部分进行删除。重复以上操作，直至只留下所需要的点云数据（图 4-13）。

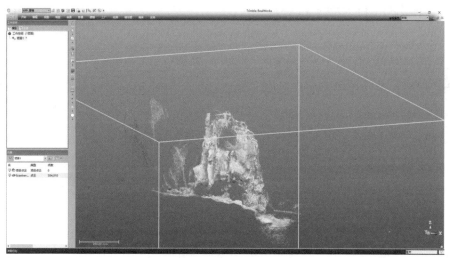

图 4-9 导入模型

图 4-10 切换到"分析 & 建模"模式

图 4-11 显示项目点云

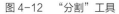

图 4-12 "分割"工具

图 4-13　删除部分点云数据

4.1.2　陆地置石——绉云峰

1. 绉云峰简介

绉云峰位于杭州花圃掇景园室内（图 4-14）。该石全长 2.6m，狭腰处仅 0.4m。石的全身曲折多变，有"形同云立，纹比波摇"的天趣。石的右边刻有"绉云"两个篆体字，左下方"绉云峰"三字，系近代著名书法家张宗祥手笔（图 4-15）。石的背后有"具云龙势，夺造化工；来自海外，永镇天中"字样。绉云峰与苏州留园的瑞云峰、上海豫园的玉玲珑同为江南园林中的"三大名石"，在《聊斋志异》《香祖笔记》等书中都有它的记载。

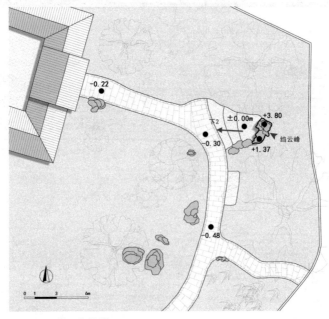

图 4-14　绉云峰位置

图 4-15　绉云峰特写

2. 外业测绘步骤

绉云峰全长 2.6m，周边植物遮挡较少，因此使用架站式扫描仪就可完成对绉云峰的全面扫描任务。扫描仪在保持稳定的情况下进行扫描，能够捕捉到石头的各个角度和细节，获得绉云峰的详细扫描内容，以便进行进一步的研究和分析。绉云峰外业测绘流程如图 4-16 所示：

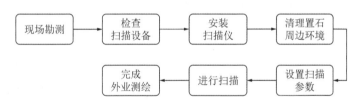

图 4-16　绉云峰外业测绘流程

1）勘测场地

为了确保测绘结果准确，需要提前进行勘测，并合理规划架站式三维激光扫描仪的扫描点位。这样可以避免扫描点位过于稀疏而导致数据采集不完整，同时也可以避免扫描点位过于密集而导致外业任务过于繁重，增加内业数据处理的工作量。通过充分规划和准备，可以确保数据的完整性和准确性。

2）架站扫描

按照规划好的扫描点位进行扫描，避免多方面因素对测绘结果的影响。

3. 内业处理步骤

外业测绘完成后，架站式三维激光扫描仪所采集的数据可以利用软件如 FARO

SCENE、Trimble RealWorks、Geomagic Wrap 等进行拼接处理（本案例中选用的是 FARO SCENE 2023.0.1 软件）。内业处理流程如图 4-17 所示：

1）创建项目

第一步：点击顶部项目栏中"项目"板块下的"创建项目"（图 4-18）。

第二步：选择项目创建的位置以及项目名称，案例中以"绉云峰"为项目名称，随后点击"创建"（图 4-19）。

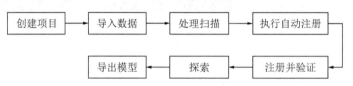

图 4-17　内业处理流程

图 4-18　创建项目

图 4-19　项目创建完成

2）导入数据

第一步：点击顶部项目栏中"导入"板块下的"导入扫描"或"导入项目"，也可选中扫描数据文件一次性拖入软件中（图 4-20）。

第二步：导入完成，点击"确定"按钮（图 4-21）。如需删除扫描文件，则可在左侧"结构"栏中右击所要删除的文件进行删除（图 4-22）。

图 4-20　项目导入

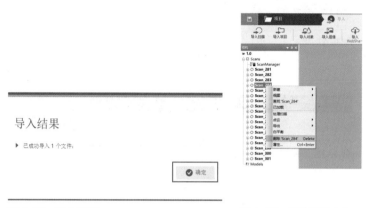

图 4-21　导入完成　　　　　　　　　　　图 4-22　删除扫描文件

3）处理扫描

第一步：点击顶部项目栏中"处理"板块下的"处理扫描"（图 4-23）。

第二步：点击"绐云峰"按钮，再点击右上角的"配置处理"进入到点云数据处理的设置阶段（图 4-24）。

图 4-23　处理扫描

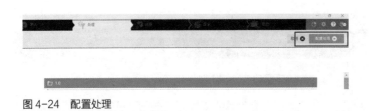

图 4-24　配置处理

第三步：配置处理界面的相关设置可根据需要进行调整，处理阶段需要花费一段时间，所耗时长短根据电脑配置而异（图 4-25）。

第四步：配置处理完成（图 4-26）。

图 4-25　开始处理

图 4-26　处理完成

4）执行自动注册

点击顶部项目栏中"注册"板块下的"自动注册"或"手动注册"。注册分为自动注册和手动注册，可以先选择自动注册，再根据自动注册结果进行手动注册不断调整的方式，这样既可以提高拼接精度，也可以极大地节省工作量（图 4-27）。

5）注册并验证

在完成自动注册后选择检查模式对结果进行验证（鼠标左键可进行视图旋转，鼠标中键可平移视图），观察是否拼接正确或满足需求（本案例中的模型拼接正确且结果满足需求，最后点击左侧"是"，完成注册）。点击"唯一颜色"可将点云颜色改为实际颜色（图 4-28、图 4-29）。

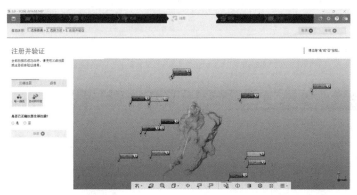

图 4-27　自动注册

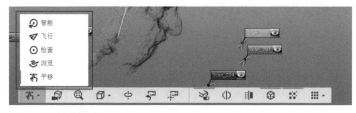

图 4-28　检查模式

图 4-29　注册完成

6）探索

点击顶部项目栏中"探索"板块，进行模型检查。可选择下方的检查工具（鼠标左键旋转视图，鼠标中键平移视图）。如若模型有拼接错误情况，可重复手动注册的步骤（图 4-30）。

7）导出模型

第一步：点击顶部项目栏中"探索"板块中的"项目点云"进行创建点云（图 4-31）。

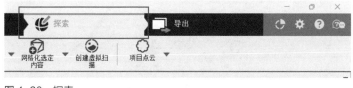

图 4-30　探索

图 4-31　创建点云

第二步：点击顶部项目栏中"导出"板块中的"导出扫描"，可以选择导出格式为".xyz"的文件（图 4-32）。

图 4-32　导出项目点云

4.1.3　水中置石——九狮石

1. 九狮石简介

九狮石，位于西湖风景名胜区著名景点三潭印月（又名"小瀛洲"）之中，是一块高 3m、宽 1.5 ~ 1.8m，耸立在水中的置石（图 4-33）。

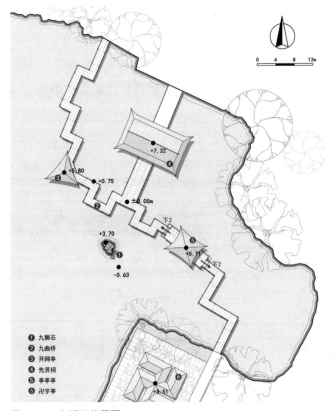

图 4-33　九狮石位置图

　　其正前方为一条九曲三回、三十个弯的九曲桥，桥上第一座亭子是个三角亭，名为"开
网亭"；第二座亭子是个四角亭，名为"亭亭亭"。九狮石在清光绪年间由太湖石堆砌
而成，其造型独特，石形玲珑错漏，似有 9 只狮盘叠嬉戏，或坐，或立，或卧，或抖鬃毛，
或作势欲扑，或回头傲视，或困顿欲寐，顿生动势，故而得名"九狮石"（图 4-34）。

图 4-34　九狮石特写

2. 外业测绘步骤

　　九狮石位于水中，无法通过单一的测绘技术获取高精度的数据，因此需通过多技术
融合测绘的方式来完成。外业测绘思路为：在九曲桥上通过架站式三维激光扫描仪来获
取九狮石正面点云数据，背面由于场地限制，则可以采用近景摄影技术获取置石背面的
点云数据。九狮石外业测绘流程如图 4-35 所示：

图 4-35　九狮石外业测绘流程

1）勘测场地

　　对测绘场地提前勘测，合理规划架站式三维激光扫描仪的扫描点位，避免因扫描点
位稀疏而导致数据采集不完整，以及扫描点位过于密集而导致外业任务繁重、内业数据

处理工作量大幅增加等的问题（图 4-36）。同时，也需提前规划无人机平台进行近景摄影的飞行路线，避免影像数据采集缺失。

2）架站扫描

按照规划好的扫描点位进行扫描，避免多方面因素对测绘结果产生影响（图 4-37）。

3）无人机摄影

拍摄时保持每张相邻照片之间的重复区域在 50% ~ 60%；避免虚焦、反光、曝光过度或曝光不足等（图 4-38）。

图 4-36　勘测场地　　　　图 4-37　架站式扫描仪扫描　　　图 4-38　无人机近景摄影

3. 内业处理步骤

架站式三维激光扫描仪与无人机所采集到的影像数据，需要分别进行处理。三维激光扫描仪获取的点云数据可使用 FARO SCENE、Trimble RealWorks、Geomagic Wrap 等软件进行拼接，案例中选用 FARO SCENE 2019。而无人机所采集的影像数据需要通过照片建模技术进行处理，案例中所使用 Agisoft Metashape 软件。数据全部分别处理完成后需要再进行融合。内业处理流程如图 4-39 所示：

图 4-39　内业处理流程

1）FARO SCENE 与 Agisoft Metashape 界面功能介绍

（1）FARO SCENE

FARO SCENE 操作界面（表 4-1）：

FARO SCENE 操作界面

表 4-1

图示	序号	名称
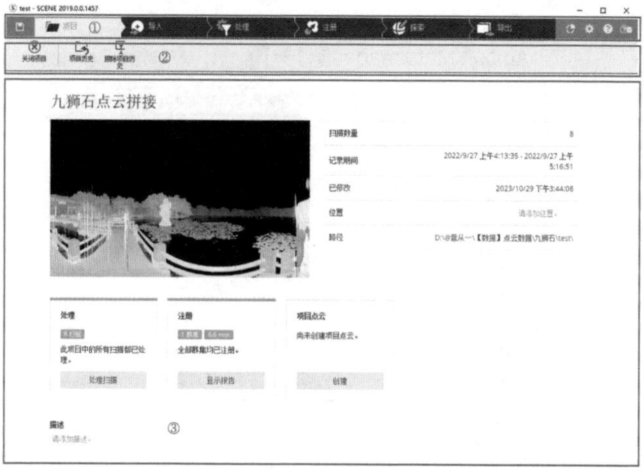	①	工作流程
	②	工具栏
	③	视图显示

切换用户界面操作与面板功能描述（表 4-2）：

切换用户界面操作与面板功能描述

表 4-2

图示	序号	名称
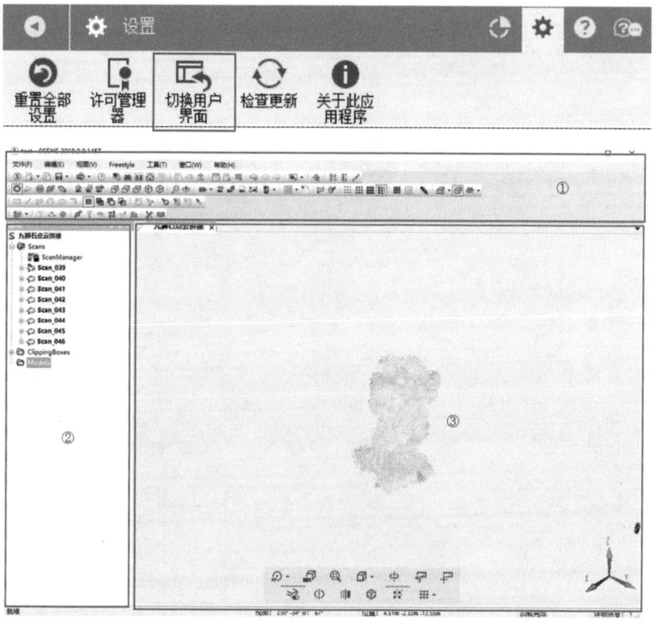	①	工具栏
	②	结构栏
	③	三维视图窗口

（2）Agisoft Metashape

Agisoft Metashape 操作界面（表4-3）：

Agisoft Metashape 操作界面　　　　　　　　　　　　表 4-3

图示	序号	名称
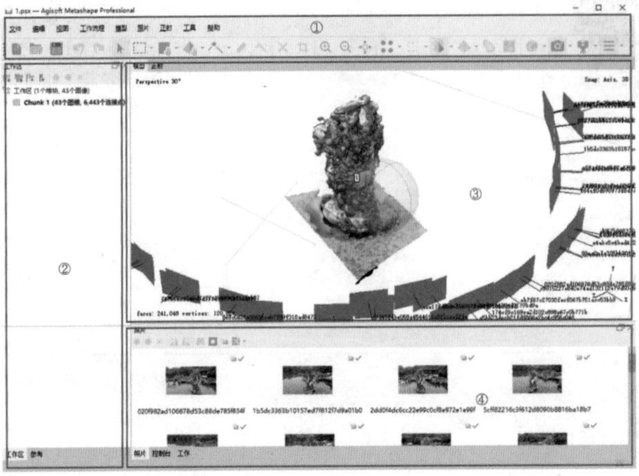 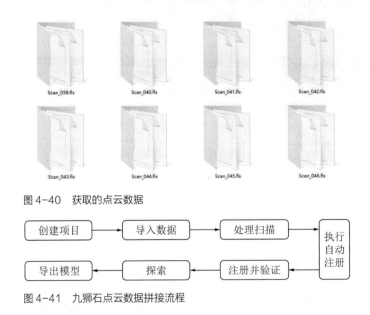	①	工具栏
	②	工作区
	③	三维视图窗口
	④	照片数据窗口

2）FARO SCENE 点云拼接

通过架站式扫描仪放置了8个测站点，共获取了8个测站点位的点云数据（图4-40）。通过 FARO SCENE 软件进行点云拼接的九狮石点云数据拼接流程如图4-41所示。

Scan_039.fls　　Scan_040.fls　　Scan_041.fls　　Scan_042.fls

Scan_043.fls　　Scan_044.fls　　Scan_045.fls　　Scan_046.fls

图4-40　获取的点云数据

创建项目 → 导入数据 → 处理扫描 → 执行自动注册

导出模型 ← 探索 ← 注册并验证 ←

图4-41　九狮石点云数据拼接流程

（1）创建项目

第一步：点击顶部项目栏中"项目"板块下的"创建项目"（图 4-42）。

第二步：选择项目创建的位置以及项目名称，案例中以"九狮石点云拼接"为项目名称，随后点击"创建"（图 4-43）。

图 4-42　创建项目

图 4-43　项目创建完成

（2）导入数据

第一步：点击顶部项目栏中"导入"板块下的"导入扫描"或"导入项目"，也可选中扫描数据文件一次性拖入到软件中（图 4-44）。

第二步：导入完成，点击"确定"按钮（图 4-45）。如需删除扫描文件，则可在左侧"结构"栏中右击所要删除的文件进行删除（图 4-46）。

（3）处理扫描

第一步：点击顶部项目栏中"处理"板块下的"处理扫描"（图 4-47）。

第二步：点击"九狮石点云拼接"按钮，再点击右上角的"配置处理"进入到点云数据处理的设置阶段（图 4-48）。

第三步：配置处理界面的相关设置可根据需要进行调整（案例中保持默认。图 4-49），处理阶段需要花费一段时间，所耗时长短根据电脑配置而异。

第四步：配置处理完成（图 4-50）。

图 4-44　导入项目

导入结果

▸ 已成功导入 8 个文件：

图 4-45　导入完成　　　　　　　　　　图 4-46　删除点云文件

图 4-47　处理扫描

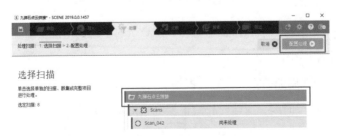

图 4-48　配置处理

图 4-49　配置处理

图 4-50　配置处理完成

（4）执行自动注册

第一步：点击顶部项目栏中"注册"板块下的"自动注册"或"手动注册"（图4-51）。注册分为自动注册和手动注册，可以先选择自动注册，再根据自动注册结果进行手动注册不断调整的方式，这样既可以提高拼接精度，也可以节省工作量。

第二步：选择扫描群集，随后点击右上角的"选择方法"（图4-52）。选择方法页面的参数可根据需要进行调整（案例中保持默认参数），最后点击右上角的"注册并验证"（图4-53）。

第三步：自动注册完成（图4-54）。

图 4-51　自动注册

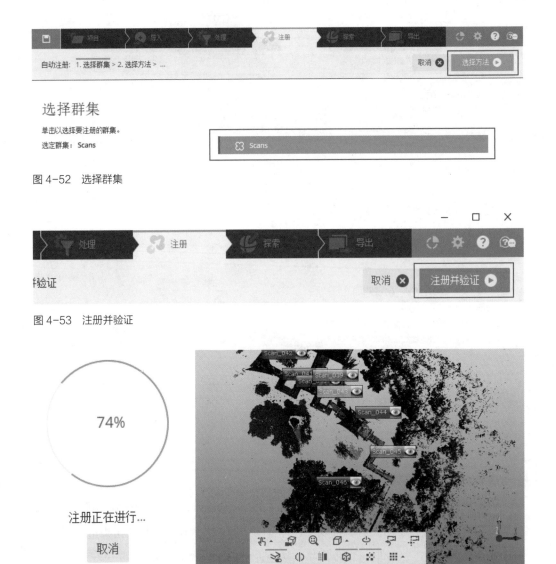

图 4-52 选择群集

图 4-53 注册并验证

图 4-54 自动注册完成

（5）注册并验证

第一步：在完成自动注册后选择检查模式对结果进行检查（鼠标左键可进行试图旋转，鼠标中键可平移视图。图 4-55），观察是否拼接正确或满足需求（本案例中的模型拼接正确且结果满足需求，最后点击左侧"是"，完成注册。图 4-56）。

第二步：如若模型拼接不正确或不满足需求，则需要进行手动注册，现针对该种情况进行操作。这需要在上一步操作中，点击左侧的"否"，接着点击完成，进入手动注册的阶段（图 4-57）。

图 4-55　检查模式

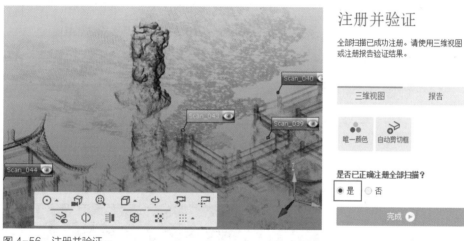

图 4-56　注册并验证

图 4-57　执行手动注册

第三步：按照软件提示，各选取左右两侧的一个点云模型（图4-58）。

第四步：选取两个目标中相同的点进行标记（其中右键可以删除标记点。图4-59）。标记点尽量选择在较规则的物体表面，如铺装交接点、规则的石头顶点等处（图4-60），保证拼接精准。标记完成后点击右上角的"注册并验证"。

第五步：重复第四步操作，直到所有目标最终模型效果满足需求（图4-61、图4-62）。

图 4-58　选择标记的点云模型

图 4-59　删除标记

图 4-60　标记目标

图 4-61　注册并验证

图 4-62　完成注册

（6）探索

点击顶部项目栏中"探索"板块进行检查。可选择下方的检查工具（鼠标左键旋转视图，鼠标中键平移视图。图 4-63）。如若模型有拼接错误状况，可重复手动注册的步骤。

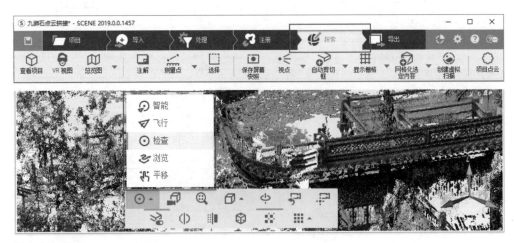

图 4-63　探索

（7）导出模型

第一步：点击顶部项目栏中"探索"板块中的"项目点云"进行创建点云（图 4-64）。

第二步：点击顶部项目栏中"导出"板块中的"导出项目点云"，可以选择导出格式为".xyz"的文件（图 4-65）。

图 4-64　创建项目点云

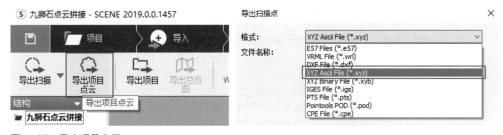

图 4-65　导出项目点云

3）Agisoft Metashape 照片建模

使用无人机对九狮石置石进行近景摄影共获取到 43 张影像数据（图 4-66），现使用照片建模软件 Agisoft Metashape Professional（2.0.2 版本）进行操作，九狮石照片建模流程如图 4-67 所示。

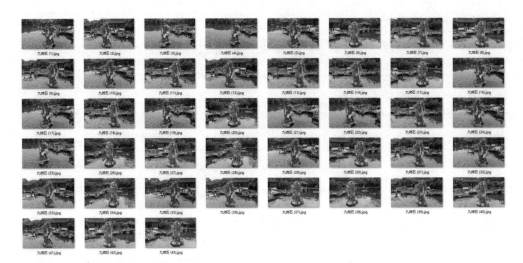

图 4-66　九狮石影像数据

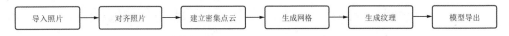

图 4-67　九狮石照片建模流程

（1）导入照片

第一步：点击上方工作栏"工作流程"下拉菜单中的"添加照片/添加文件夹"选项，案例中选择"添加照片"将照片文件导入（图 4-68）。

第二步：导入完成（图 4-69）。

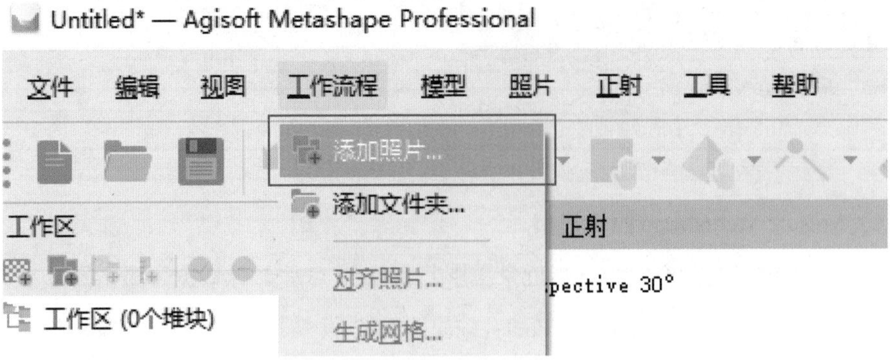

Untitled* — Agisoft Metashape Professional

文件　编辑　视图　工作流程　模型　照片　正射　工具　帮助

添加照片...

添加文件夹...

工作区　　　　　　　　　　　正射

对齐照片...　　　　pective 30°

工作区 (0个堆块)

生成网格...

图 4-68　添加照片

图 4-69　导入完成

（2）对齐照片

第一步：点击上方工作栏"工作流程"下拉菜单中的"对齐照片"选项（图 4-70）。

第二步：对齐照片的相关参数可根据需要进行修改，案例中保持默认。相关的参数设置状态以及耗时都会因电脑性能的不同而有所限制，因此需要根据电脑性能进行适度设置（图 4-71）。

第三步：完成对齐，共生成 22851 个点（图 4-72）。

图 4-70　对齐照片

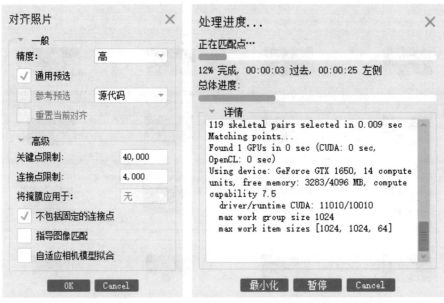

图 4-71　设置对齐参数

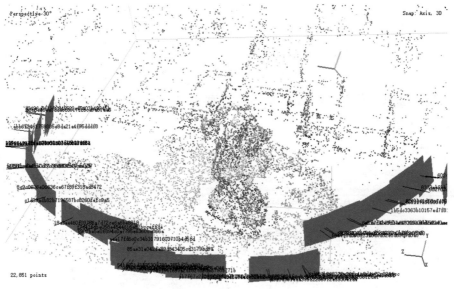

图 4-72　完成对齐

（3）生成网格

第一步：点击上方工作栏"工作流程"下拉菜单中的"生成网格"选项（图4-73）。

第二步：设置"生成网格"的相关参数（案例中保持默认。图4-74）。

第三步：完成网格生成，共生成 156321 个面（图4-75）。

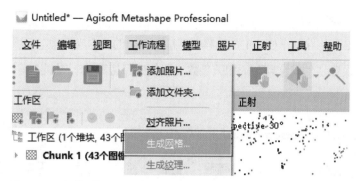

图 4-73　生成网格

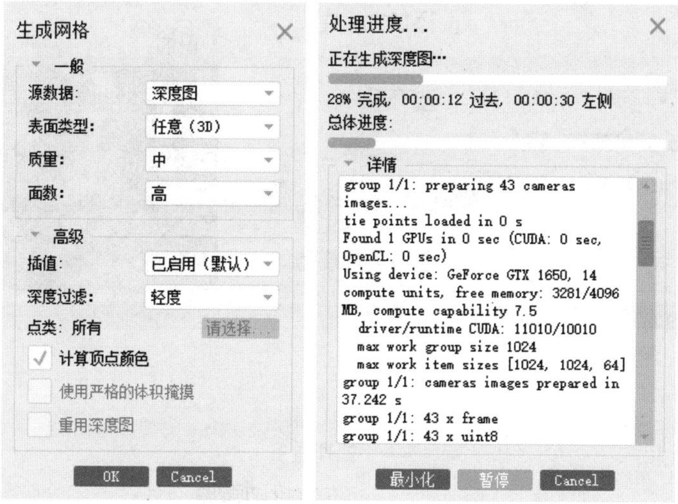

图 4-74　设置参数

图 4-75　完成网格生成

（4）生成纹理

第一步：点击上方工作栏"工作流程"下拉菜单中的"生成纹理"选项（图4-76）。

第二步：设置"生成纹理"的相关参数（案例中保持默认。图4-77、图4-78）。

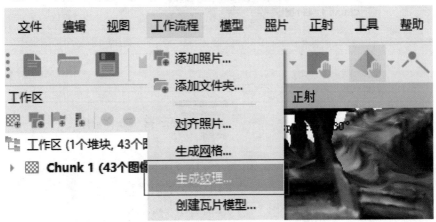

图 4-76　生成纹理

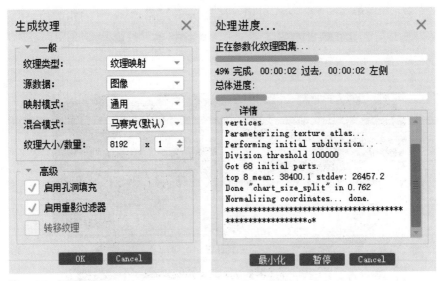

图 4-77　设置参数

图 4-78　完成纹理生成

（5）创建点云

第一步：点击上方工作栏"工作流程"下拉菜单中的"创建点云"选项（图 4-79）。

第二步：根据需要进行相关设置，案例中则保持默认（图 4-80）。

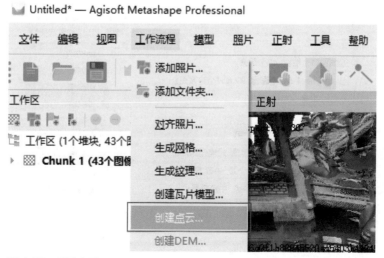

图 4-79　创建点云

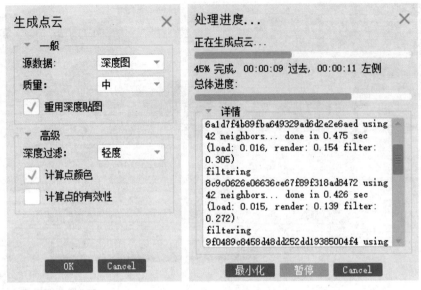

图4-80 设置参数

（6）导出点云

第一步：点击上方工作栏"文件"下拉菜单"导出"中的"导出点云"选项（因为案例中最后使用的是点云进行最后的数据融合，故在此选择导出点云。图4-81）。

第二步：可选择导出多种格式的文件，案例中选择导出".ply"格式的文件，其中的导出参数均保持默认（图4-82）。

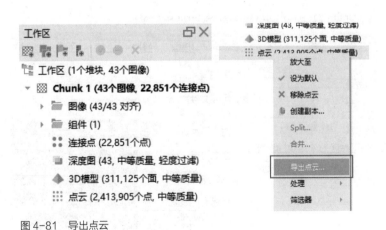

图4-81 导出点云

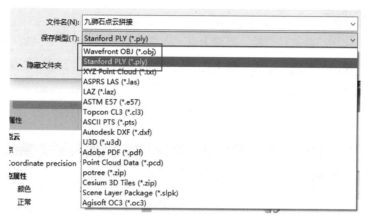

图 4-82　选择导出格式

4）数据融合与点云降噪

（1）导入点云

第一步：将通过 FARO SCENE、Agisoft Metashape 软件导出的点云数据共同导入 Geomagic Wrap 软件中，相关设置根据需要进行设置（图 4-83）。

第二步：完成导入（图 4-84）。

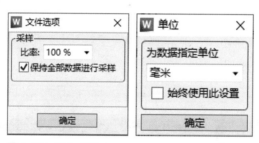

图 4-83　导入点云

图 4-84　完成导入

（2）数据融合

第一步：使用"对象移动器"将两个点云大致移动到同一个位置（图4-85）。

第二步：使用"缩放"工具将两个点云缩放至实际大小，并结合"对象移动器"将两点云拼接完整（图4-86）。

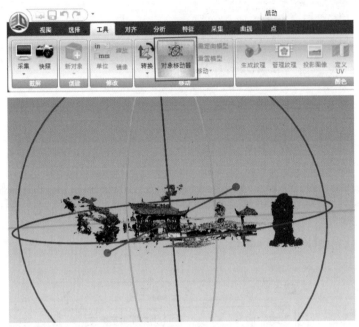

图4-85　移动对象

图4-86　点云拼接

（3）点云降噪

使用选择工具将不需要的元素进行清除（图 4-87）。

图 4-87　点云降噪

4.1.4　经验总结

1. 外业测绘

1）提前与相关人员沟通协调

进行三维扫描工作，需提前准备相关手续，与风景区工作人员沟通，获得许可后方可进行测绘工作；根据《通用航空飞行管制条例》等有关规定，无人机在实施飞行活动前，应当向空管部门提出飞行计划申请，经批准后方可实施。

2）提前制定扫描方案

为保证能完整、准确地获取扫描对象的点云数据，在测区范围不大、距离不太远的情况下，建议尽可能到现场踏勘，制订切实可行的扫描方案。

3）规划扫描路线

提前规划行进路线；平稳移动设备，保证扫描数据的完整性，避免突然转动或碰撞。

4）保证光线充足

确保扫描场景光线充足，如遇山洞等昏暗环境可延长扫描时间以提高精度。

5）确保扫描数据完整性

多数置石可能较高，可借助周边地形和设备增加仪器高度，扫描顶部数据。

6）解决植物遮挡问题

如果置石表面植物遮挡较多，如九狮石（图4-88），这对扫描结果影响大，需要在前期或后期内业处理中手动删除其中的冗余数据。

2. 内业处理

1）多软件结合处理

内业数据处理需要结合 Scaniverse 扫描软件和 Trimble RealWorks 点云处理软件。Scaniverse 将扫描数据处理后导入 TRW，对点云进行拼接细化。

2）两种注册方法结合

注册分为自动注册和手动注册，但可以选择先自动注册，再根据自动注册结果进行手动注册不断调整的方式，这样既可以提高拼接精度，也可以极大地节省工作量。

3）数据的预处理

在 Agisoft Metashape 中导入图片后，为确保三维重建的质量，首先应在照片窗口全选素材—右键菜单—评估照片质量，在保证重叠度的前提下将照片质量系数小于0.8的照片删除。

4）结合多种测绘方式

根据实际工作的不同，选择合适的作业方式，如无人机近景摄影，需规划无人机平台进行近景摄影的飞行路线。

图4-88 九狮石植物遮挡情况

4.2　假山测绘

4.2.1　小型假山——蒋庄假山

1. 蒋庄简介

蒋庄位于花港公园内,东临西湖小南湖,为昔日湖上著名私人庭院之一。金石收藏家、无锡人廉惠卿始建于清光绪年间,原名"小万柳堂",旧称"廉庄"。售给南京富商蒋国榜后,改建屋宇,以供其母到杭州养病小憩时用,并易名为"兰陔别墅",俗称"蒋庄"。1928 年以后,蒋介石来西湖时常居于此,于是有不少人就误以为蒋庄是蒋介石的别墅。1950 年 4 月,蒋苏盒邀请自己的老师、国学大师马一浮先生移居此庄,此后马一浮在此居住长达 16 年。

蒋庄假山为太湖石山水假山,整座假山均选用太湖石料,运用旱地堆叠的手法,东侧紧挨自然居南墙,主峰和次峰前后相错,嶙峋奇耸,整体呈围合环抱之势(图 4-89)。假山由当时"金华帮""宁波帮"等浙中叠石帮派所叠,在 20 世纪 60 年代由杭州市园林局的第二代假山工匠张金如、陈大伟等修复(图 4-90)。

用八个字形容蒋庄假山,便是"依墙理山,小中见大"。其工法精巧,以墙为底,立峰做图,主次结合,虚实相生。山洞采用拱券式叠法,有前后两个洞口,洞内形态似真山山洞,洞壁多有开孔,白天洞内不会过于昏暗潮湿。走进山洞内部,可见一蹬道通往山腰的小平台,平台中间有一石桌,再往上即可达山顶。山水间点植松、槭等,掩映山石,有若自然,其上罗汉松苍劲古朴,枝干横斜于下山步道处,游人需俯身弯腰方能通过,颇有山林野趣。随蹬道而上,有登临远眺之体验,可俯瞰全园景致。假山前一汪池水,池水明净,绕映山石,水中央架有一太湖石桥,宽约半米,仅一人可通行,尺度合宜。整座假山好似蒋庄中一座令人叫绝的天然山水大盆景,融汇在西湖的湖光山色之中。

蒋庄是目前杭州保存比较完好的私家庭院之一,傍湖而筑,修竹婆娑,将园中景物和园外大千世界融为一体,"借得山水秀,添来气象新",从而得到了"两面长堤三面柳,一园山色一园湖"的极佳的艺术效果。

2. 外业测绘步骤

蒋庄假山所处区域地势平坦,背靠东楼,距离建筑、植物、人群较远,但假山体量较小,山洞、蹬道狭窄,作业空间狭小。故在通过单一测绘方式来完成高精度数据的收

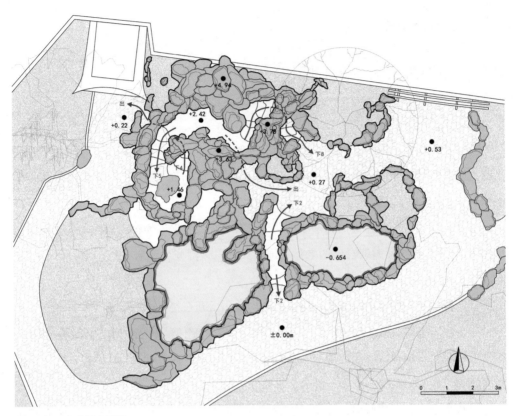

图4-89 蒋庄假山平面

图4-90 蒋庄假山

集的同时，还需有清晰的扫描点位规划。蒋庄假山外业测绘流程如图4-91所示：

1）勘测场地

正式扫描前，需对测绘场地提前勘测，合理规划架站式三维激光扫描仪的扫描点位。踏勘过程中重点查看假山中遮挡严重、作业空间狭小的区域（图4-92），在这些区域附

图 4-91　蒋庄假山外业测绘流程

图 4-92　蒋庄假山细节

近选取合理位置，布设架站点。测站点之间距离应适当，保证获得的点云有足够的重叠度。

2）架站扫描

蒋庄扫描需要两人协同工作，一人操作仪器，另一人需要减少现场人员走动对扫描精准度与安全性的影响，必要的情况下可增加人员协助。根据现场踏勘初步选定的站点位置，结合仪器仰角及遮挡物情况确定最终测站位置。

3. 内业处理步骤

蒋庄假山数据主要来源于架站式三维激光扫描仪，其点云数据可使用 FARO SCENE、Trimble RealWorks、Geomagic Wrap 等软件进行拼接，案例中选用的是 Trimble RealWorks 10.4 软件。

1）Trimble RealWorks 软件界面介绍

Trimble RealWorks 软件专为点云处理和分析设计而成，可提供一套完整的解决方案。可从几乎所有 3D 激光扫描仪引入数据，并进行有效的配准、分析、建模和创建可交付成果，提供点云全自动配准功能。专为点云处理设计的工具和工作流程，显著提高工作效率，使用包含配准、地表创建、面与面比较和建模功能的业内最全面的点云处理工具集，为各类项目做好准备。软件区域面板功能描述见表 4-4：

软件区域面板功能描述	表 4-4

图示

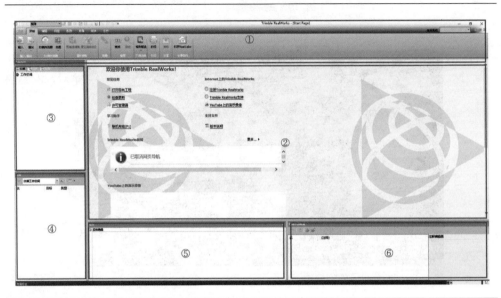

序号	区域名称	区域功能
①	工具栏	可以在此选择软件的所有工具
②	操作界面	项目模型操作界面
③	工作空间	显示工作内容
④	列表栏	可以显示子文件夹
⑤	属性栏	显示所选数据的详细属性
⑥	存储的剪裁盒	存储剪裁碎片

2）点云拼接

通过架站式扫描仪放置了 45 个测站点，共获取了 45 个测站点位的点云数据（图 4-93）。通过 Trimble RealWorks 软件进行蒋庄假山点云拼接流程如图 4-94 所示。

（1）数据导入

第一步：点击"开始"菜单栏下的"输入"选项（支持多种各种点云数据的导入，但是数据转换需要一定时间），如图 4-95 所示。

第二步：选择工具栏中"输入"选项下的"导入 FLS 文件"（图 4-96），并选择全部的点云数据进行导入。根据软件提示保存项目文件，导入选项根据需要进行设置（图 4-97），随后等待文件的导入。

第三步：完成导入操作（图 4-98）。

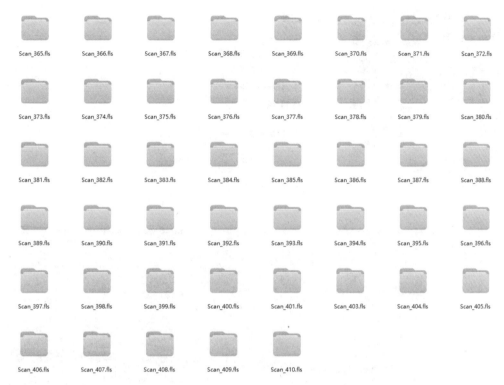

图 4-93　获取的点云数据

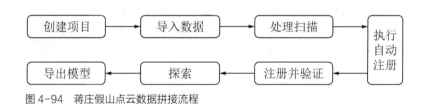

图 4-94　蒋庄假山点云数据拼接流程

图 4-95　数据导入

图 4-96　导入 FLS 文件

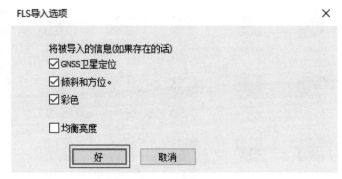

图 4-97　FLS 导入选项

图 4-98　文件导入后的界面显示

（2）点云配准——全自动配准

依据点云数据中是否有标靶球 / 平面标靶目标，将配准分为基于点云的配准（数据中无标靶球 / 平面标靶）和基于目标的配准（数据中有标靶球 / 平面标靶。图 4-99）。

基于点云的配准方式包括全自动配准和单点配准两种方式，基于目标的配准方式也包括自提目标配准和目标配准两种方式（图 4-100）。简单来说，两种方式存在着是自动拼接和手动拼接的区别，但各种方式也都相互作为补充，并不完全单独使用。

由于测绘案例中并未使用到标靶球 / 平面标靶，因此方法上选择基于点云的配准，而为了提高工作效率，则先进行全自动配准，再对其结果进行检查，如若存在精度不高或配准错误的状况，则再进行单点配准。

第一步：点击"配准"菜单栏下的"全自动配准"（图 4-101），选择一个基准测站后开始配准（图 4-102）。配准耗时会根据电脑性能不同而有差异。

第二步：配准完成（视图中若没有图像，点击"视图"菜单栏下的"缩放所有"即可显示全部图像。图 4-103、图 4-104）。

图 4-99　"基于点云的配准"和"基于目标的配准"

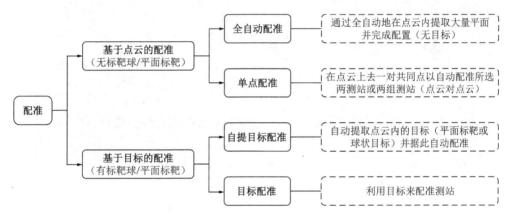

图 4-100　Trimble RealWorks 软件中的配准分类

图 4-101　"全自动配准"选项

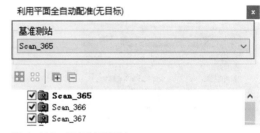

图 4-102　选择基准测站

（3）点云配准——单点配准

第一步：点击"配准"菜单栏下的"单点配准"（图 4-105）。随后选择"基准点云"和"移动点云"（两组点云有 40% 左右的重叠部分为宜。图 4-106）。

第二步：分别在第一个点云和第二个点云上寻找相同点（图 4-107）。在选点结束后，软件会自动计算误差以供参考（图 4-108）。

图 4-103　"缩放所有"选项

图 4-104　显示全部点云图像

图 4-105　"单点配准"选项

图 4-106　选择"基准点云"与"移动点云"

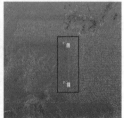

图 4-107　在两个点云上分别选取相同点

第三步：若拼接结果满足需求，则需保存当前操作（图4-109）。

第四步：重复以上操作，直至所有点云拼接效果满足需求（图4-110）。

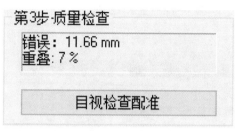

图 4-108　质量检查

图 4-109　选择保存当前操作的方式

图 4-110　完成点云拼接

（4）点云降噪

第一步：在配准完成后，需要对点云数据进行降噪，即剔除不需要的部分点云。点击软件左上角区域，将软件调整为"分析 & 建模"模式（图4-111）。若视图不显示图像，则将左下角"列表"栏中项目前的"小灯泡"按钮点亮即可（图4-112）。

第二步：点击"开始"菜单栏下的"分割"工具（图4-113）。

第三步：使用"选择"工具删除所要删除的点云部分（图4-114）。

第四步：重复以上操作，直至只留下所需要的点云数据，完成点云降噪见图4-115。

图 4-111　选择"分析＆配准"模式

图 4-112　显示点云项目

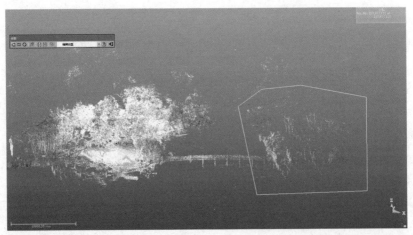

图 4-113　"分割"工具

图 4-114　删除部分点云数据

图 4-115　完成点云降噪

（5）点云模型展示

点云拼接完成后的效果如图 4-116 ～图 4-118 所示。

图 4-116　点云模型效果展示一

图 4-117　点云模型效果展示二

图 4-118　点云模型效果展示三

4.2.2 中型假山——抱朴道院假山

1. 抱朴道院简介

由东晋葛洪始建的抱朴道院是一座山地宫观，位于杭州宝石山东部的葛岭，初名抱朴庐，又名葛仙庵。抱朴道院与黄龙洞、玉皇山福星观合称"西湖三大道院"。抱朴道院几经破坏与修建，现存的建筑院落虽经多次修缮，但总体上仍维持着清同治时期的格局和规模。

抱朴道院门楼前假山是"因壁理山"的典型，但其具体堆叠年代已不可考，总体上带给人险峻、婉转之感（图4-119）。假山高约10m，宽约21m，由红砂岩和湖石两种材料堆叠而成，砂岩展现雄浑之感，同时又透露着湖石的玲珑剔透（图4-120）。石壁假山因地就势的层层堆叠抬高了整个建筑院落的高度，使之由更好的视野直面西湖山色。假山西宽东窄，西部有蹬道，穿过石门的假山洞可到达崖顶。东部垂直崖壁，下有一潭碧水，名"涤心池"，中置一座小峰。整座假山在堆叠技法上多使用悬挑、搭的结构。

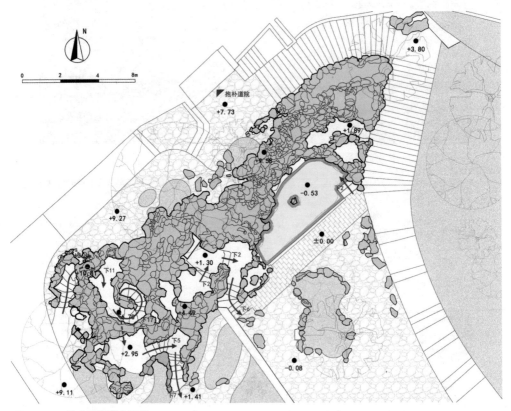

图4-119 抱朴道院假山平面

图 4-120　抱朴道院石壁假山

2. 外业测绘步骤

由于抱朴道院门楼前的假山存在着体量大、高差跌变较大、洞穴多、植物遮挡严重、有较多测绘人员无法到达的测绘区域等限定条件，这对测绘带来了困难。因此场地的勘测就显得极为重要，特别是要测站点位的规划，直接影响测绘耗时与测绘成果质量。

本次抱朴道院门楼前假山的测绘时间为春、夏季，植物生长茂密，占据了大量的空间，因此难以使用无人机设备对测绘人员无法到达的区域进行近景摄影。在测绘人员能够到达的区域，可以使用相机设备进行近景摄影以补充假山细节。但本案例通过三维激光扫描仪所获取的点云数据已经满足需求，不再使用其他测绘技术作为补充。抱朴道院假山外业测绘流程如图 4-121 所示：

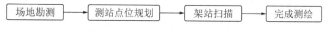

图 4-121　抱朴道院假山外业测绘流程

3. 内业处理步骤

通过架站式三维激光扫描仪共获取了 82 个测站点位的点云数据（图 4-122）。选用 Trimble RealWorks（10.4 版本）软件进行点云的处理，具体抱朴道院假山点云数据处理流程如图 4-123 所示。

1）Trimble RealWorks 界面功能介绍

（1）区域面板

Trimble RealWorks 区域面板主要由以下几个部分组成（表 4-5）：

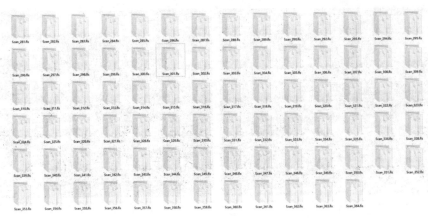

图 4-122　获取的点云数据

图 4-123　抱朴道院假山点云数据处理流程

Trimble RealWorks 区域面板功能描述　　　　　　　　　　　表 4-5

图示

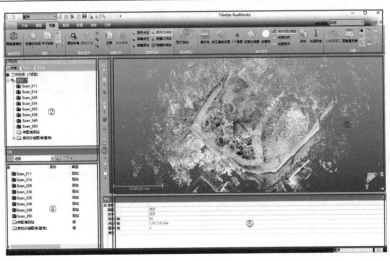

序号	区域名称	区域功能
①	软件工具栏	可以在此选择软件的所有工具
②	扫描	导入的点云数据在此显示
③	快捷工具	显示软件中常用的工具集合
④	列表	可以显示子文件夹
⑤	属性	显示所选数据的详细属性
⑥	显示窗口	显示点云项目

（2）快捷工具

快捷工具的使用能大大提高内业效率，以下是软件中快捷工具集合（表 4-6）：

Trimble RealWorks 中的快捷工具集合　　表 4-6

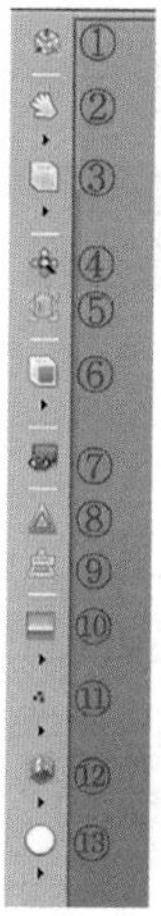
①
②
③
④
⑤
⑥
⑦
⑧
⑨
⑩
⑪
⑫
⑬

序号	功能	子选项	图示
①	裁剪盒模式 （用一个 3D 盒子来筛选显示内容）	—	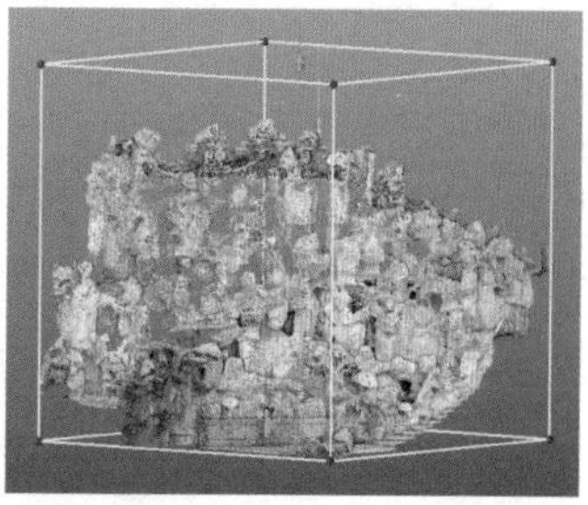
②	检查式浏览 （设置检查式浏览模式）	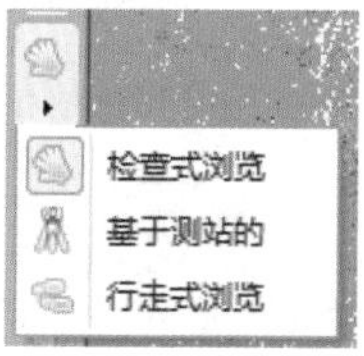检查式浏览 基于测站的 行走式浏览	—
③	投影选项 （设置平行或透视投影显示）	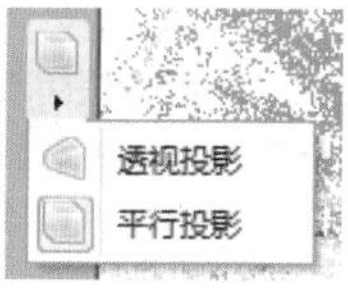透视投影 平行投影	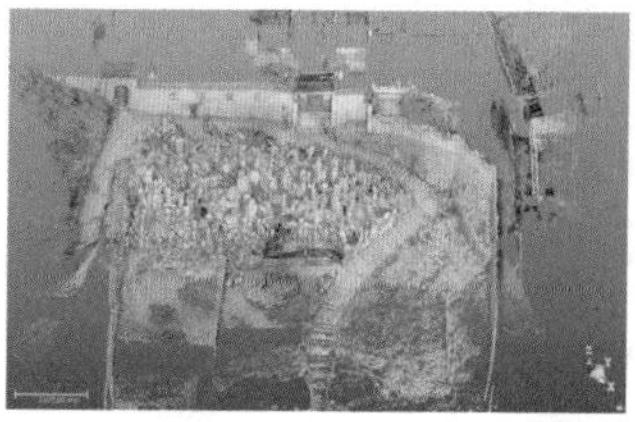
④	缩放所有 （缩放整个场景以显示所有的对象）	—	—
⑤	缩放所选 （对当前所选择的内容缩放到屏幕中间）	—	—
⑥	视图选项 （设置视图显示的方向）	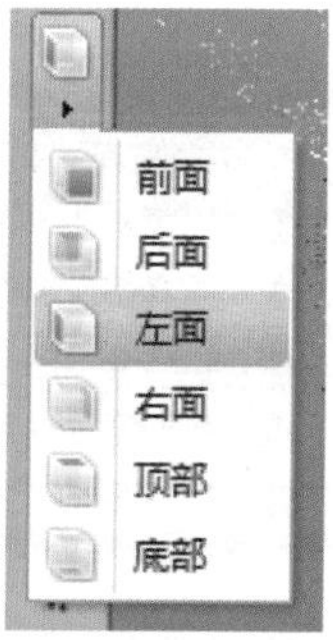前面 后面 左面 右面 顶部 底部	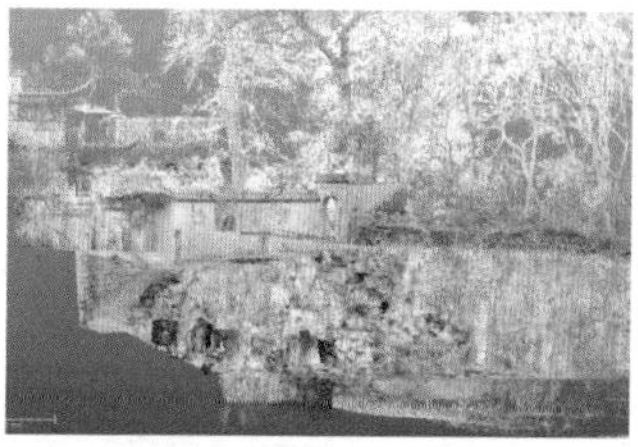

续表

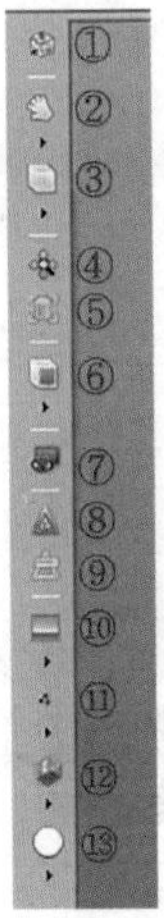
①
②
③
④
⑤
⑥
⑦
⑧
⑨
⑩
⑪
⑫
⑬

序号	功能	子选项	图示
⑦	隐藏选项（设置是否隐藏所有物体）	—	—
⑧	显示测站（设置是否显示测站位置）	—	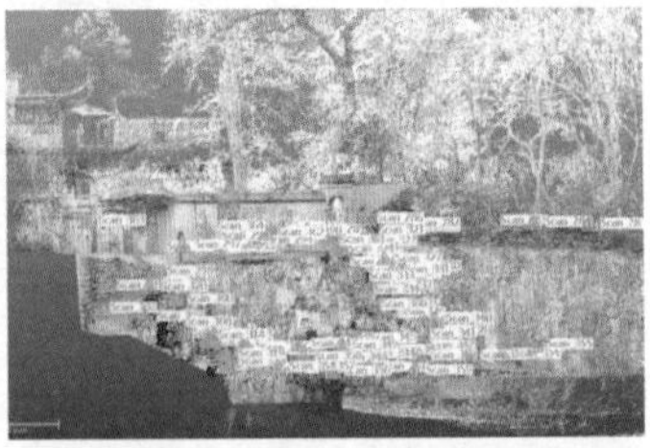
⑨	显示测站名称（设置是否显示测站名称）	—	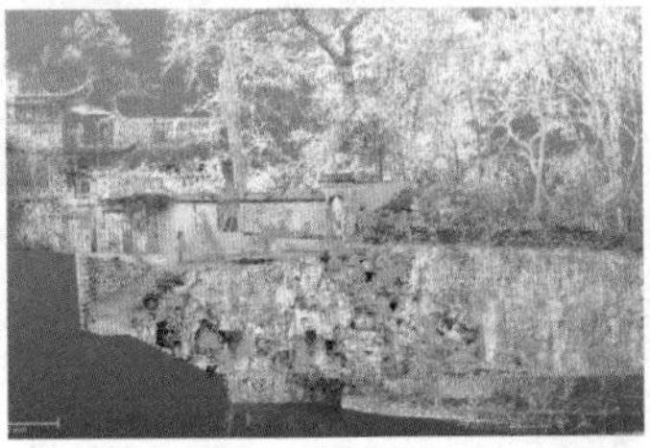
⑩	显示模式	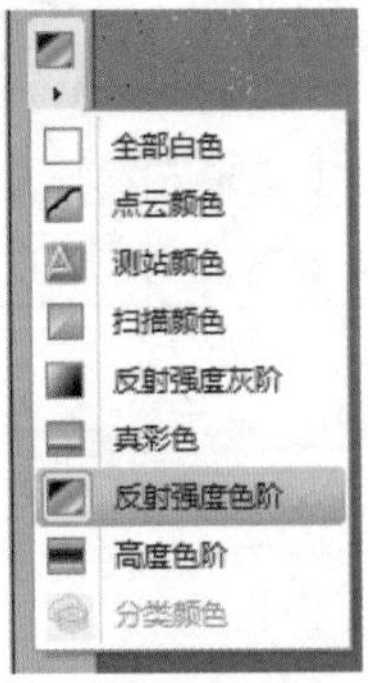全部白色 点云颜色 测站颜色 扫描颜色 反射强度灰阶 真彩色 反射强度色阶 高度色阶 分类颜色	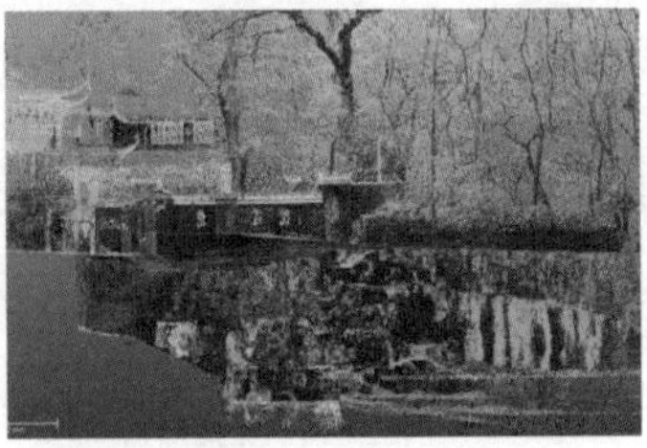
⑪	点云大小	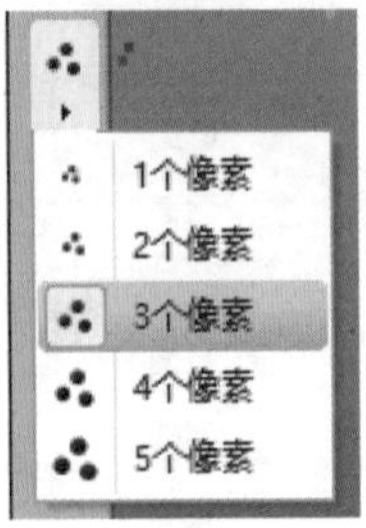1个像素 2个像素 3个像素 4个像素 5个像素	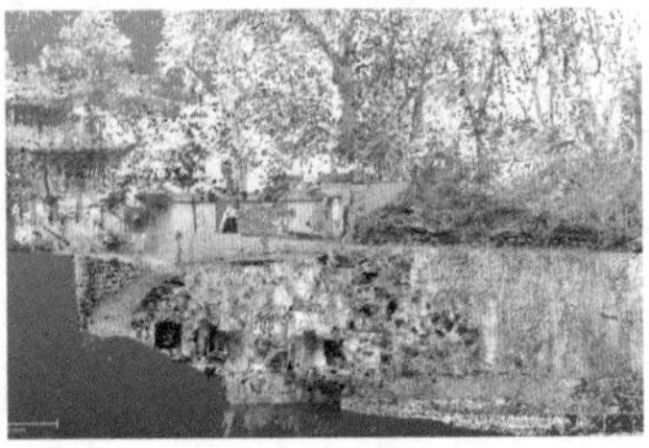

续表

序号	功能	子选项	图示
⑫	查看模式	没有过滤器 隐藏背景 看里面 略图	
⑬	阴影选项	没有阴 环境阴影 法线阴影	

2）Trimble RealWorks 点云拼接与降噪

（1）数据导入

第一步：打开软件后，首先查看软件左上角是否为"配准"模式（需要在此模式下进行点云的配准拼接。图 4-124）。

第二步：选择工具栏中"输入"选项下的"导入 FLS 文件"（图 4-125），并选择全部的点云数据进行导入。根据软件提示保存项目文件，导入选项根据需要进行设置（图 4-126），随后等待文件的导入。

第三步：完成导入（图 4-127）。

图 4-124　软件切换为"配准"模式

图 4-125　导入 FLS 文件

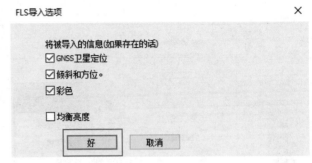

图 4-126　FLS 导入选项

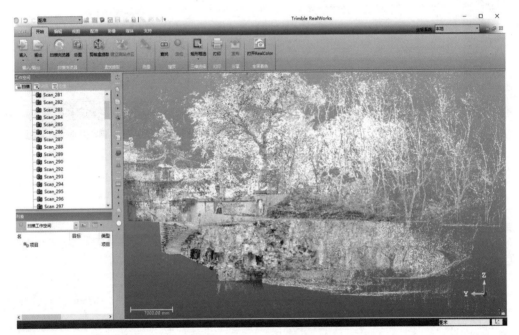

图 4-127　完成点云数据导入

（2）全自动配准

第一步：选择工具栏中"配准"选项下的"全自动配准"（图 4-128）。选择基准测站（图 4-129），并开始配准。

第二步：配准完成后软件会自动生成配准报告（可保存至本地），其中显示了点云之间的配准误差（图 4-130、图 4-131）。

第三步：在配准完成后进行检查左侧的工作空间，案例中出现了"未配准测站"和"自动分组配准（基准）"两个文件夹，分别指未配准成功的点云和配准成功的点

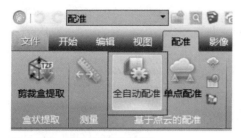

图 4-128　选择“全自动配准”

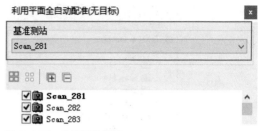

图 4-129　选择基准测站

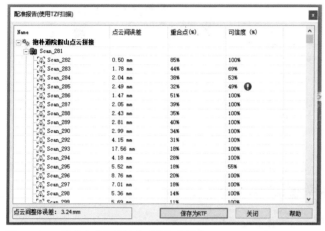

图 4-130　配准完成后软件生成的配准报告

Scan_281 - 73 具有公共点的测站 -

物体名称	点云间误差	重合点(%)	可信度(%)
Scan_282	0.50 mm	85%	100%
Scan_283	1.78 mm	44%	69%
Scan_284	2.04 mm	38%	53%
Scan_285	2.49 mm	32%	49%
Scan_286	1.47 mm	51%	100%
Scan_287	2.05 mm	39%	100%
Scan_288	2.43 mm	35%	100%
Scan_289	2.81 mm	40%	100%
Scan_290	2.99 mm	34%	100%
Scan_292	4.15 mm	31%	100%
Scan_293	17.56 mm	18%	100%
Scan_294	4.18 mm	28%	100%
Scan_295	5.52 mm	18%	55%
Scan_296	8.76 mm	20%	100%
Scan_297	7.01 mm	18%	100%
Scan_298	5.36 mm	14%	100%
Scan_299	5.69 mm	11%	100%
Scan_300	4.88 mm	9%	100%
Scan_301	4.60 mm	14%	100%
Scan_302	5.02 mm	10%	100%
Scan_303	7.40 mm	14%	100%
Scan_304	6.29 mm	15%	100%
Scan_305	6.83 mm	10%	100%
Scan_306	6.75 mm	14%	99%
Scan_307	8.98 mm	9%	100%
Scan_308	5.03 mm	12%	70%
Scan_309	4.83 mm	13%	100%
Scan_310	3.71 mm	11%	100%
Scan_312	3.46 mm	9%	100%
Scan_313	2.87 mm	7%	100%
Scan_315	63.38 mm	0%	2%
Scan_316	33.47 mm	0%	1%

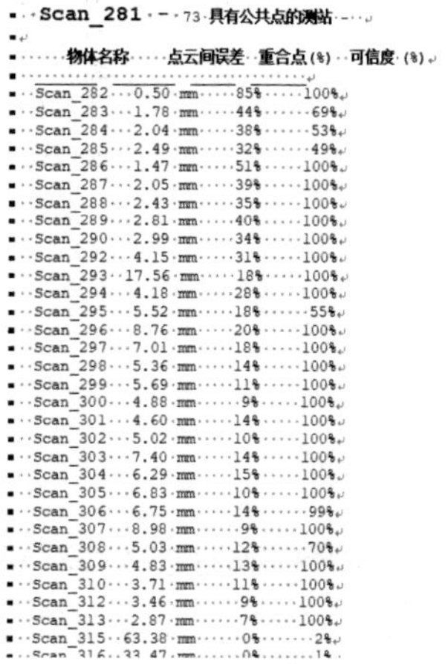

图 4-131　保存本地的配准报告

云（图 4-132）。对于未配准成功的点云需要进行单点配准。

（3）单点配准

第一步：由于在单点配准过程中，一个文件夹被视为一个整体，因此对于未配准的点云数据不能放置在一个文件夹内，需要单独放置，并将原文件夹删除（图 4-133、图 4-134）。

第二步：选择工具栏中“配准”下的“单点配准”即可进入单点配准的界面。单点配准界面各区域功能如表 4-7 所示：

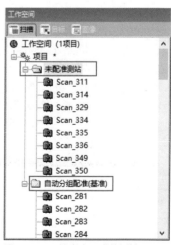

图 4-132　检查未配准的测站

图 4-133　将未配准测站移至上一级路径下　　图 4-134　文件"删除"选项

单点配准界面各区域功能

表 4-7

图示	序号	区域功能
	①	单点配准选项设置
	②	基准点云显示窗口
	③	移动点云显示窗口
	④	点云配准完成后的预览窗口

　　第三步：在左侧工具栏中进行点云的选择。基准点云需要选择已经配准完成的点云文件夹，移动点云则选择未配准成功的单个点云（图 4-135、图 4-136）。

　　第四步：分别在两个点云上寻找相同点，随后软件开始自动配准并能够计算出配准误差（图 4-137、图 4-138）。如果精度没有满足需求，则可以进行点云的精化。

第五步：保存点云配准操作（图 4-139）。

第六步：重复以上操作，直至所有点云都配准完成（图 4-140）。

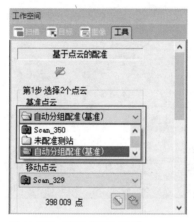

图 4-135　选择"基准点云"

图 4-136　选择"移动点云"

图 4-137　在两个点云上分别寻找相同点

图 4-138　质量检查

图 4-139　选择点云配准保存方式

图4-140　完成点云配准

（4）点云降噪

第一步：在点云完全配准成功的基础上，将软件切换到"分析＆建模"模式（图4-141）。

第二步：点击窗口中的项目点云，以激活"分割"工具（图4-142）。

第三步：分割工具中各种操作功能描述如表4-8所示。

图4-141　选择"分析＆建模"模式

图4-142　激活"分割"工具

分割工具中各种操作功能描述　　　　　　　　　　　　　　　　　表 4-8

序号	名称	功能描述	图示
①	多边形选择	通过定义一个多边形进行划分	
②	长方形选择	通过定义一个长方形进行划分	
③	圆形选择	通过定义一个圆来分割	
④	盒式选择	只选择在盒子里的	
⑤	内部	保留区域内部的点	

序号	名称	功能描述	图示
⑥	外部	保留区域外部的点	
⑦	显示未被划分的点	显示剩余的需被划分的点	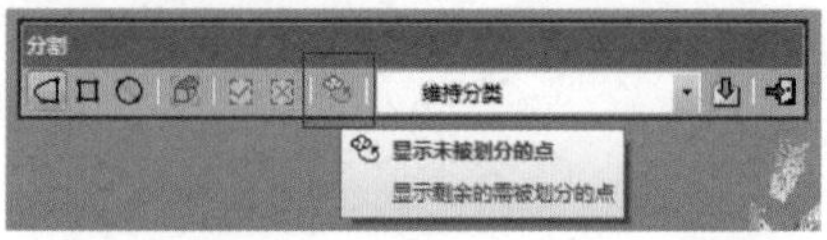
⑧	分类	对点云进行分类	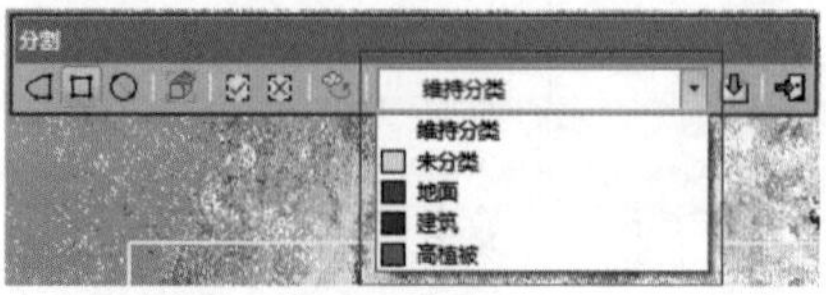
⑨	创建	创建新的点云 （新的点云信息将会在列表中显示）	
⑩	关闭工具	关闭分割工具并释放最近所有操作	

第四步：利用分割工具删除不需要的点云数据（在使用分割中的选择工具时，"Esc"键可以取消选择，鼠标左键双击可结束选择），最后先点击"创建"选项，再点击"关闭工具"完成分割。至此，点云降噪完成（图 4-143、图 4-144）。

图 4-143　点云模型效果展示一

图 4-144　点云模型效果展示二

4.2.3　大型假山——黄龙洞假山

1. 黄龙洞概述

黄龙洞始建于南宋，20 世纪 70—80 年代由杭州园林文物局修整后对外开放，并列为新西湖十景之一。黄龙洞是西湖假山洞景中规模最大者，现是一处独具清韵、幽雅壮丽的寺观园林佳作，成为集宗教、人文与寺观园林景观为一体的仿古园。

黄龙洞之掇山虽由人作，宛自天开，其中洞壑幽奇，流水悬泉，亭廊精巧，水石交融，颇具古意，显出"黄龙吐翠"的神幽。全园布局以假山叠石为导向，将园林空间与建筑等其他要素引入山水林泉之间，达到人工与自然的融合，呈现丰富的景观层次（图 4-145）。南庭水院，龙潭灵池：池潭北面，自游廊南望，池南岸依山势构筑石壁假山，并于山巅设置一尊黄龙头，引栖霞岭上之泉水，由龙头口吐清泉，形成多级瀑布水景，流入水潭并且汇入池中，叮咚作响，灵活生动，形成"瀑—潭—池"的自然水体景观序列。清泉入池之处，有一置石，两面分别镌刻出自刘禹锡《陋室铭》的"水不在深""有龙则灵"，契合黄龙洞的园林意境，意韵深远（图 4-146）。

2. 外业测绘步骤

该次测绘工作量较大，外业需要 2 ~ 3 天的时间完成。同时，黄龙洞位于宝石山之麓，植物茂密，依附于山石上的植物较多，对山石的扫描有较大的影响，但此次假山测绘的目的，并非聚焦于单体山石的细部纹理和皴法等，而是为了获取假山精确的

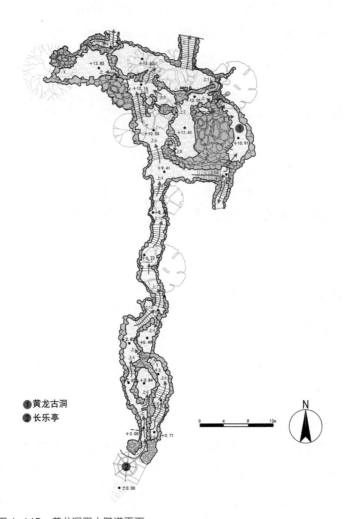

① 黄龙古洞
② 长乐亭

图 4-145　黄龙洞假山蹬道平面

图 4-146　黄龙洞假山实景

三维尺寸，以期为今后的假山遗产保护和相关量化研究提供数据支持。黄龙洞假山外业测绘流程如图 4-147 所示：

1）场地勘测

黄龙洞假山是测绘到的最大型假山，提前勘测场地、合理规划扫描路线是测绘工作中最重要的环节（图 4-148）。要保证能在完整获取黄龙洞假山点云数据的前提下，避免测站点位过于密集（导致数据重复冗杂）或稀疏（导致数据采集不完整）。

2）参数设置

点击"参数"，会显示如图 4-149 所示的参数页面。

（1）分辨率 / 质量：常用 1/5、1/8 分辨率和 3× 质量。扫描环境越复杂，分辨率要求越高。

（2）颜色设置：通常选用"平均加权光"，关闭"HDR 模式"，打开"速度扫描"。

（3）高级设置：距离默认勾选"一般"。

图 4-147 黄龙洞假山外业测绘流程

图 4-148 场地勘测与测站点位规划

（a）　　　　　　　　　　　（b）　　　　　　　　　（c）

图4-149　扫描仪参数设置

（a）扫描仪详细信息；（b）"分辨率/质量"调整；（c）颜色设置

3）扫描操作

第一步：取出三脚架，延长三脚架支腿，将三脚架放在便利高度的稳定表面，确保所有三脚架的支腿安全稳固（图4-150）。三脚架有4支脚，其中3支是可延伸的。

第二步：拿出设备，将三脚架盘放在三脚架中心螺杆上，确保将主轴螺杆紧紧地拧入中心主轴的窄侧（图4-151）。将中心轴紧紧地拧在三脚架上。

第三步：打开电池仓（图4-152），装入电池和储存卡（图4-153），关闭电池仓后，长按开机按钮直至蓝灯亮起，即为开机成功。

第四步：点击"管理"—"项目/集群"—"添加"，即可创建新项目（图4-154）。

第五步：选择合适的扫描位置，架站处肉眼可见的环境均可扫到。定点后调平，点击左上角〇符号。只有当扫描仪的当前倾角超过2°时，标题栏中的倾角警告图标才可见，图标为黄色；如果扫描仪的倾角超过5°，图标变成红色。注意，这些图标的更新频率低于气泡水平图标（图4-155）。

第六步：点击蓝色按钮开始扫描，"滴"声后扫描结束。

在扫描过程中需要时刻注意三维扫描仪是否被行人、落叶等的遮挡，以免造成数据的丢失，扫描过程如图4-156所示。

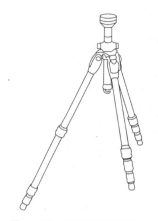

图 4-150　调整三脚架支腿

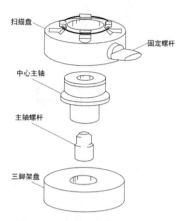

扫描盘
固定螺杆
中心主轴
主轴螺杆
三脚架盘

图 4-151　安装三脚架配件

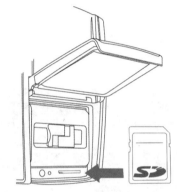

图 4-152　打开电池仓

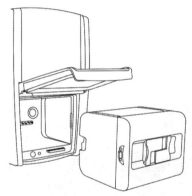

图 4-153　装入电池和储存卡

（a）

（b）

（c）

图 4-154　创建新项目

（a）扫描仪主页；（b）"管理"设置；（c）"项目/集群"

(a)　　　　　　　　　　　(b)

图 4-155　扫描仪调平操作

（a）主页左上角调平按钮；（b）扫描仪调平

图 4-156　架站扫描

3. 内业处理步骤

通过架站式三维激光扫描仪共获取了 105 个测站点位的点云数据（图 4-157）。选用 Trimble RealWorks（10.4 版本）软件进行点云的处理，黄龙洞假山点云数据处理流程如图 4-158 所示。

1）Trimble RealWorks 界面功能介绍

（1）操作页面

Trimble RealWorks 界面功能描述如表 4-9 所示：

Scan_195.fls	Scan_194.fls	Scan_193.fls ... Scan_184.fls

图 4-157　获取的点云数据

图 4-158　黄龙洞假山点云数据处理流程

Trimble RealWorks 界面功能描述		表 4-9
图示	序号	界面功能
	①	工具栏
	②	操作界面
	③	工作空间
	④	列表栏
	⑤	属性栏
	⑥	存储的剪裁盒

（2）首选项设置

Trimble Realworks 首选项设置（表4-10）：

Trimble RealWorks 首选项设置
表 4-10

图示	序号	项目
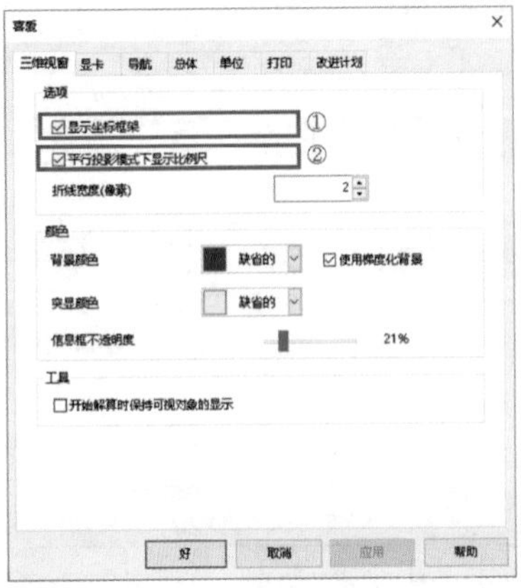	①	显示坐标框架：勾选，是否显示坐标框架在 3D 视图窗口
	②	平行投影模式下显示比例尺：勾选，是否显示比例尺在 3D 视图窗口
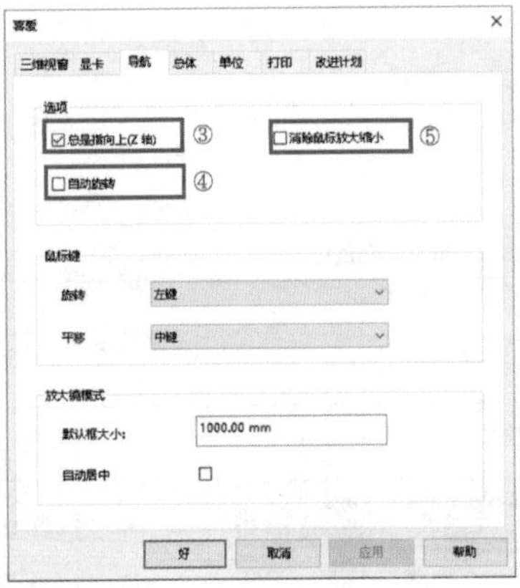	③	总是指向上（Z 轴）：勾选，是否让坐标框架始终指向 Z 轴方向
	④	自动旋转：不勾选，点云会自动选装
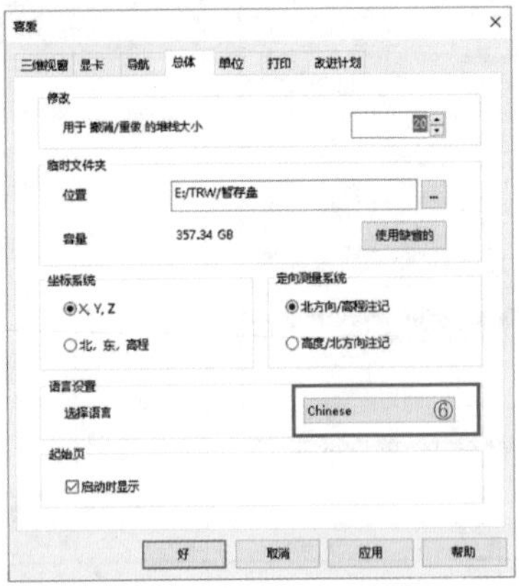	⑤	消除鼠标放大缩小：不勾选，是否利用滚轮可以进行放大缩小
	⑥	语言设置：勾选后重启软件才会生效

（3）各种测量工具及测量成果输出工具

利用此工具栏（表4-11），可测量点与点之间的距离，计算三点之间的角度，显示点的坐标，斜坡表面点的方向，并且可以把测得的结果以报告的形式输出。

测量工具及测量成果输出工具　　　　　　　表 4-11

图示		序号	项目
		①	距离测量
		②	角度测量
		③	点坐标测量
		④	斜坡测量
		⑤	创建
		⑥	关闭

【举例：测量假山洞的垂直高度】

第一步：选择两点；

第二步：读取并记录数据（图4-159）；

第三步：将创建目标选中，点击文件/输出物体属性；

第四步：点击保存，生成".rtf"格式文件，可以用Word软件打开查看。

图4-159　测量假山洞的垂直高度

（4）点云数据分割工具

点云数据分割各项工具功能描述如下（表4-12）：

点云数据分割工具功能描述　　　　　　　表 4-12

图示		序号	项目
		①	多边形选择
		②	矩形选择
		③	选取内部
		④	选取外部
		⑤	显示未被划分的点
		⑥	创建目标
		⑦	关闭工具

2）点云拼接

（1）数据导入

第一步：点击"开始"菜单栏下的"输入"选项（支持多种点云数据格式。图4-160）。根据软件提示需要建立rwp文件夹和设置导入选项（图4-161）。

第二步：完成导入操作（点云看不到为正常状况，因为点云未配准，空间上相差很远，视图显示很小。图4-162）。

（2）点云配准——全自动配准

第一步：点击"配准"菜单栏下的"全自动配准"，选择一个基准测站后开始配准（图4-163、图4-164）。配准耗时会根据电脑性能不同而有差异。

第二步：配准完成（视图中若没有图像，点击"视图"菜单栏下的"缩放所有"即可显示全部图像。图4-165、图4-166）。

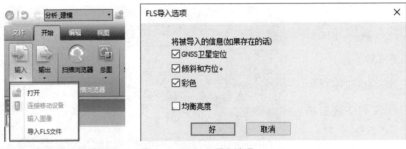

图4-160　导入FLS文件　　图4-161　FLS导入选项

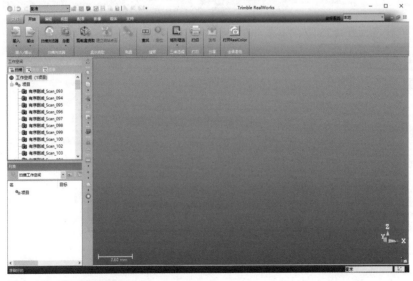

图4-162　完成点云数据导入

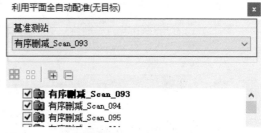

图 4-163　"全自动配准"选项　　　　　　　图 4-164　选择基准测站

图 4-165　"缩放所有"操作

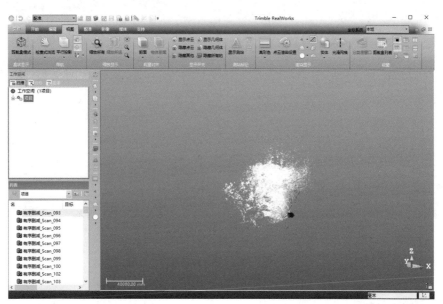

图 4-166　显示出所有点云数据

（3）点云配准——单点配准

第一步：点击"配准"菜单栏下的"单点配准"（图 4-167）。选择基准点云和移动点云，两组点云有 40% 左右的重叠部分为宜（图 4-168）。

第二步：分别在第一个点云和第二个点云上寻找相同的点（图 4-169）。在选点结束后，软件会自动计算误差以供参考（图4-170）。

第三步：若拼接结果满足需求，则需要保存当前操作（图4-171）。

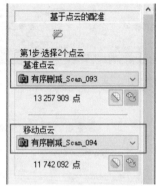

图4-167　"单点配准"选项　　　　　　　　　图4-168　选择基准点云和移动点云

图4-169　在两个点云上分别寻找相同的点

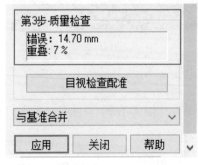

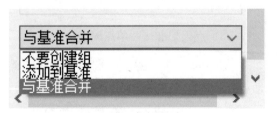

图4-170　质量检查　　　　　　　　图4-171　选择保存当前操作的方式

第五步：重复以上操作，直至所有点云拼接效果满足需求，完成点云拼接如图 4–172 所示。

图 4–172　完成点云拼接

（4）点云降噪

第一步：在配准完成后，需对点云数据进行降噪，即剔除不需要的部分点云。点击软件左上角区域，将软件调整为"分析 & 建模"模式（图 4–173）。若视图不显示图像，则将左下角"列表"栏中项目前的"小灯泡"按钮点亮即可（图 4–174）。

第二步：点击"开始"菜单栏下的"分割"工具（图 4–175）。

第三步：使用选择工具删除不需要的点云部分（图 4–176）。

第四步：重复以上操作，直至只留下所需要的点云数据。

（5）点云模型展示

点云模型效果如图 4–177 ～图 4–180 所示。

图 4–173　切换到"分析 & 建模"模式

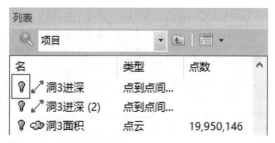

图 4–174　显示项目点云

图4-175 选择"分割"工具

图4-176 对点云数据进行分割

图4-177 点云模型效果展示一

图 4-178　点云模型效果展示二

图 4-179　点云模型效果展示三

图 4-180　点云模型效果展示四

4.2.4 经验总结

1. 外业测绘

1）提前制定扫描方案

为保证能完整、准确地获取扫描对象的点云数据，需要合理规划架站式三维激光扫描仪的扫描点位，确保观测方法合理、测点准确，避免因扫描点位稀疏而导致数据采集不完整。同时根据工作量大小及仪器电池工作时间，预估外业作业时间，确保设备供电充足。

2）提前与相关人员沟通协调

进行三维扫描工作前，需提前准备相关手续，与风景区工作人员沟通，获得许可后方可进行测绘工作。

3）保障工作人员和仪器安全

在进行假山测绘工作时，最好一人操作仪器，另一人尽量减少现场人员的走动对扫描的影响，必要的情况下需增加人员协助；有的假山较高，山间常有雾气，操作中有一定的安全隐患，需时刻注意天气情况，尽量避免雨、雪、高温等天气作业；确保三脚架稳定，避免仪器摔落损坏（图4-181）。

图 4-181 外业扫描

4）保证相邻站点的重叠度

Trimble RealWorks 软件提供了基于平面点云的全自动配准功能，外业扫描可以采用无标靶作业方式，扫描作业时只需保证相邻两站之间有一定的重叠度，扫描到相同的平面特征即可，极大地提高了外业扫描效率。

5）确保数据完整性

对于假山较高的情况，应在距其较远且较高处布设测站点，以保证点云数据完整。

2. 内业处理

1）计算机性能要求

虽然高性能的三维激光扫描仪表可以高效地扫描地形地质，获取有效的数据，但是如果计算机性能不佳无法快速处理获取的测试点的三维数据，此时仪表就会出现卡顿、发热的问题，不仅延长了测试时间，降低了工作效率，同时也不利于三维激光扫描仪器的长期使用。文件导入耗时长短会根据电脑性能而异，因此配置高性能的计算机，更有利于工作的顺利进行。

2）数据导入较慢

Trimble RealWorks 支持多种点云数据格式，但是数据转换需要一定时间。案例中导入 FLS 文件，注意需导入整个文件夹（文件夹中包含以下子文件。图 4-182）。

名称	修改日期	类型	大小
Scans	2023/9/9 14:22	文件夹	
.classid	2023/9/9 14:22	CLASSID 文件	1 KB
Main	2023/9/9 14:22	文件	84 KB
Scan_365.fls	2023/9/9 14:22	激光扫描	0 KB
SHA256SUM	2023/9/9 14:22	文件	3 KB
SHA256SUM.sha	2023/9/9 14:22	SHA 文件	1 KB
SHA256SUM.sig	2023/9/9 14:22	SIG 文件	1 KB

图 4-182　导入文件夹

3）自动配准和单点配准结合

自动配准完成后，工作空间中未配准成功的点云需要进行单点配准。

4）手动删除干扰植物

在配准完成后，需要对点云数据进行降噪，即剔除不需要的部分点云。

4.3　打印实践——蒋庄假山

4.3.1　软件操作流程

1. IdeaMaker 软件操作流程

1）主界面功能介绍

打开 IdeaMaker 软件时，会看到表 4-13 中所示的主界面。界面被分为 8 个部分，分别是菜单栏、工具栏、操控特性、模型列表、准备切片、上传队列、快速启动栏和透视变换。

IdeaMaker 软件主界面功能 表 4-13

图示	序号	界面功能
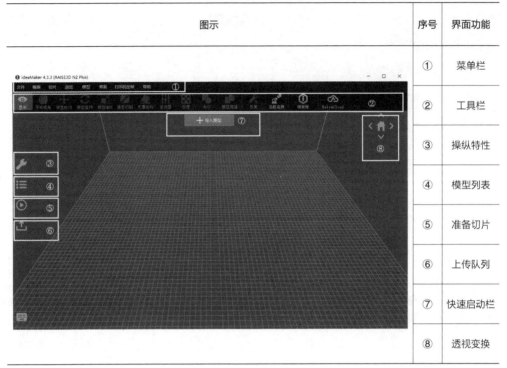	①	菜单栏
	②	工具栏
	③	操纵特性
	④	模型列表
	⑤	准备切片
	⑥	上传队列
	⑦	快速启动栏
	⑧	透视变换

2）软件操作步骤

（1）参数设置

第一步：选择打印机型号和材料种类等。在将模型文件导入 IdeaMaker 软件前，需在软件中设定打印机规格（图 4-183），如打印机型号、喷嘴直径、喷嘴数量、打印材料规格、挤出线宽、打印速度等。

（2）数据导入

导入模型。单击"+"按钮或"添加"按钮导入一个模型文件，支持格式包括".stl"".obj"".3mf"".oltp"".jpg"".jpeg"".png"".bmp"。如果发现右下角的提示框中出现错误信息，可以单击"修复"按钮为模型进行一次自动修复（图 4-184、图 4-185）。

（3）开始切片

点击快速启动栏中的"开始切片"，弹出选择打印模板的对话界面，一般选择"均衡 –N2plus–PLA"（材料为 PLA），然后点击"编辑"（图 4-186）。

模板也可选择自定义导入。可从计算机导入切片模板（".bin"或".data"文件），

图 4-183 软件中打印机参数设置

图 4-184 模型信息

图 4-185 模型导入与修复

即可设置模板的相关参数（图 4-187）。

在"高级设置"中进行编辑，对各个参数进行修改（图 4-188）。本次打印的参数重点是图形缩放和移动情况以及图形支撑情况，主喷嘴温度设为 210℃，加热板温度设为 80℃。设置好"高级设置"后点击"确定"，然后点击"切片"键。

（4）生成切片报告

切片报告生成后可以进行切片预览，切片预览没有问题后即可保存".gcode"文件。将文件传输给 3D 打印机，即完成切片处理工作（图 4-189）。

图 4-186 打印模板设置

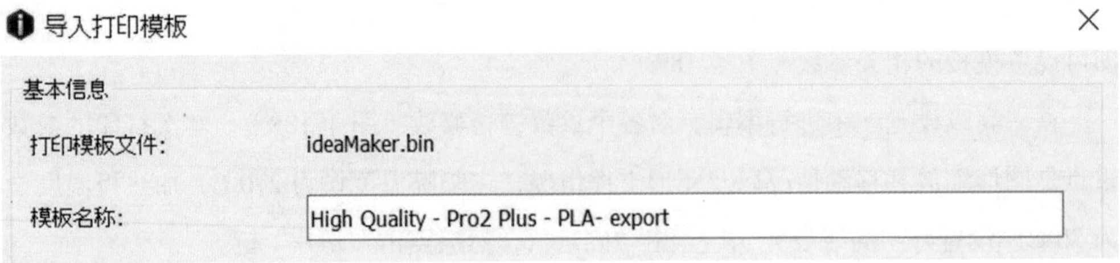

导入打印模板

基本信息

打印模板文件:　ideaMaker.bin

模板名称:　High Quality - Pro2 Plus - PLA- export

图 4-187 导入打印模板

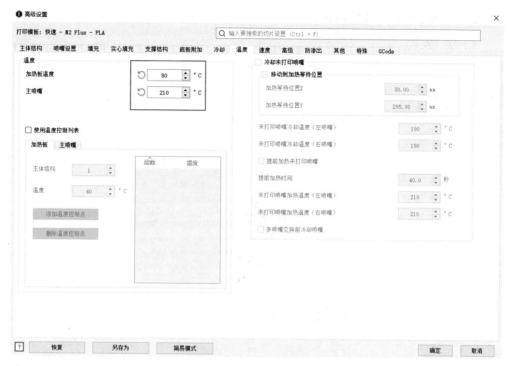

图 4-188　高级设置

图 4-189　切片报告

2. Bambu Studio 软件操作流程

1）软件安装

该软件可在 Bambu Studio 官网上进行下载。

（1）选择登陆地区

选择所在的区域，区域设置为中国（图 4-190）。

请选择登录区域

| 亚太 |
| 中国 |
| 欧洲 |
| 北美 |
| 其他 |

下一步

图 4-190　选择登陆区域

（2）打印机选择

选择在切片机操作菜单中显示的打印机 / 喷嘴，可以选择任何或所有可用的选项（图 4-191）。如果在之后过程中需更改喷嘴尺寸，可以通过切片器菜单更改这些选项。案例打印机的型号为 Bambu Lab P1P/0.4mm。

（3）材料选择

选择希望在材料预设列表中列出的材料，可以选择尽可能多的材料（图 4-192）。案例中使用到的材料类型为 PLA，故在选择时包含该类型即可。

2）打印流程

（1）登录账户

安装 Bambu 网络插件后，登录账户（图 4-193）。这是启用打印历史记录的必备条件，允许在 Bambu Handy 应用程序上重新打印历史模型。

图 4-191　打印机选择

图 4-192　打印材料的选择

图 4-193　登录 / 注册账户

（2）创建项目

开始切片模型，单击"新建项目"（图 4-194）。

（3）加载文件

在预览窗格的顶部菜单栏上，单击上面带有"+"号的立方体图像导入模型（图 4-195）。支持的文件格式包括".3mf"".stl"".stp"".step"".amf"".obj"。

（4）选择打印机 / 耗材丝 / 工艺预设

开始给模型切片之前，需要为正在使用的机器选择预设，设置将打印的耗材丝以及模型。

①从"打印机"的下拉列表中选择正在使用的打印机型号以及将使用的喷嘴尺寸［图 4-196（a）］。

图 4-194　创建项目

图 4-195　加载模型文件

（a）　　　　　　　　　　　　　　　（b）

图 4-196　打印机预设

（a）打印机型号喷嘴尺寸选择；（b）耗材丝选择

②在"耗材丝"部分下，从下拉列表中选择要使用的材料类型［图 4-196（b）］。

③从"工艺"下拉菜单中选择希望模型打印的层高。层高越小，打印时间越长。对于大多数用 0.4mm 喷嘴打印的模型，0.20mm 的层高为宜。

（5）单击"切片"按钮

完成后，单击位于右上角的"切片"按钮（图 4-197）。生成一个".3mf"文件，这是打印机打印模型所使用的文件格式。

完成后，进入预览窗格，窗格会展示文件处理后切片模型的外观。右侧的直方图还显示每个打印参数的打印时间信息（图 4-198）。

（6）发送打印作业

通过 WLAN 将打印作业发送到打印机，单击右上角的"打印单盘"（图 4-199）。会提示一个弹出窗口，其中包含模型的快速预览，还会要求从下拉列表中选择要将其发

图 4-197　切片单盘

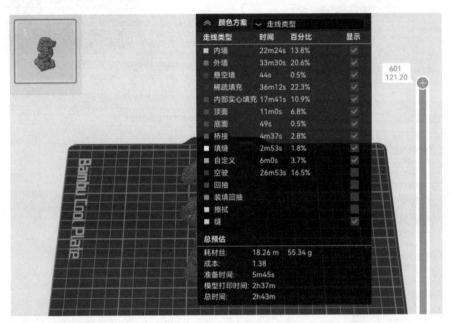

图 4-198　切片预览

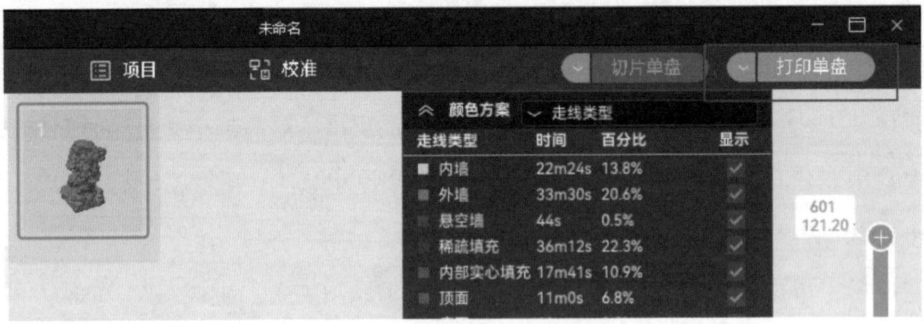

图 4-199　打印单盘

送到的打印机，以及选择是否在打印开始前执行某些功能，如床层调平、流量校准等。完成后，单击"发送"将文件发送到打印机并开始打印。

使用 SD 卡文件传输选项，单击右上角"打印"图标旁边的向下箭头，然后选择"导出切片文件"。完成后，单击"打印"图标变为的导出单盘 / 所有切片文件（图 4-200）。

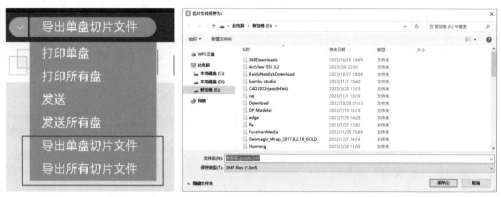

图 4-200　导出单盘 / 所有切片文件

在文件资源管理器窗口中选择 SD 卡的位置。单击"保存"，将文件导出到 SD 卡。保存后，取出 SD 卡并将其插入位于打印机显示屏右侧的小插槽中。按屏幕左侧菜单选项中的文件夹图标，然后从顶部菜单中选择"SD 卡"选项，选择需要使用的文件。

3）远程控制

切片机上的"设备"界面允许使用者实时远程控制和监视打印。如果设备上安装了摄像头，还可以远程观看打印的实时画面（图 4-201）。

图 4-201　实时查看打印

4.3.2 FDM 3D 打印机操作流程

1. 设备检查

第一步：设备拆箱后，拧松定向轮固定定子后再移动设备。打开设备后解下材料工具盒，拿出电源线插上电源开机（电源插口在设备背面底端左下角），点击屏幕回零键，选择"Z"一键回零，将平台上升复位，拿掉泡沫剪掉固定打印头扎带。

第二步：签收后检查外观是否有破损。另带有恒温设备的恒温机，其恒温器位于底下银色机箱，注意下方左上角探温针是否有折损，向后拨一下尽量避免碰到金属机箱。恒温器旁边方形或圆形物体为固化灭火器，注意是否存在移位，白色长线为灭火器温度探测线。

第三步：检查工具盒标准配件是否齐全。内含：剪钳、铲刀、导轨润滑油、PLA 平台乳胶（图 4-202）。

2. 打印前准备

1）调平打印机

打印机出厂前已经调平打印测试过，但建议使用前重新手动调平以免平台不平导致打印失败。拿一张 A4 纸放于打印头下方，移动打印头于平台其中一角，拧动平台底部下方螺旋钮，然后抽动 A4 纸，以 A4 和打印头有接触点击感为准，即打印头与纸张不紧不松的状态，4 个平台角依次操作（图 4-203）。

2）涂抹平台胶

平台属于玻璃制品表面比较光滑，使用前需要打上平台胶，打印普通材料涂抹白色瓶装乳胶即可，打印前挤些许位于平台打印范围内，然后使用硬质纸板之类工具涂抹均

图 4-202 剪钳、铲刀、导轨润滑油、PLA 平台乳胶（从左到右）

图 4-203 打印机平台

匀即可。打印高温材料，打印前需挤一些高温材料胶水位于打印工件轮廓范围，不必涂完全部范围，以免工件难以取下。打印第一圈时注意观察是否粘牢，没粘牢的需再点几滴固定住轮廓和中间第一层线条。

3）装料和拔料

拆封材料挂于机箱后面挂盘上，材料穿过断料报警器（图 4-204），需要手动插料。拇指按压橙色弹簧位，材料穿过孔经过送料齿轮，然后对准齿轮下面黄铜嘴送进去直到将材料插进底部（图 4-205）。挂料过程中需要注意的是，有些材料比较满，挂在挂盘上容易导致缠料，需要挂好避免打印中缠料。

更换材料不能在喷头冷却下进行，多次强行拔出容易堵塞或损伤打印头。正确拔出应需预热打印头温度足够后（180 ~ 220℃）将白色箭头往下稍微按压，抽出材料即可。

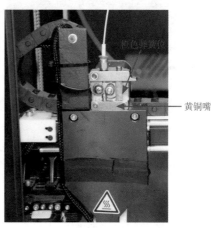

图 4-204　料盘与断料报警器　　图 4-205　橙色弹簧位与黄铜嘴

3. 界面设定与打印

1）参数设置

做好打印前准备后，将 U 盘内配套的切片软件装载在电脑上，准备好将文件导入切片软件，设置好打印参数（图 4-206），导入".stl"与".obj"格式文件。

2）导入文件

设置好文件后，将其导出到 SD 卡或者 U 盘后，插进设备 U 盘 /SD 卡插口选择文件系统，选择好后点击"打印"选择需要打印的文件即可开始打印（图 4-207）。需注意的是，打印头预热需要 2 ~ 4min，打印途中不可拔掉 SD 卡或者 U 盘。喷头运作后，喷丝与平台的接触状态必须是丝以扁平状粘合在平台上，反之即平台没有校准。

图 4-206　打印机参数设置界面

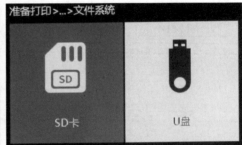

图 4-207　导入打印文件

3）平台升降

有回零和移动两种方式，主要用到向上升向下降两个功能。回零为一键式回零，主要用到的是平台降下后一键升上来，主界面选择回零，按下"Z"键，平台即自动升回原位［图 4-208（a）］。"All"键除了平台上升，打印头也会回归零位。电机锁定按下"关闭电机"即可解除，"X""Y"键为导轨在不同方向移动。

移动选择距离（mm）Z+ 往下移动，每按一下需暂停 1 ~ 2s 再按否则会向相反方向运动，Z 为向上升起［图 4-208（b）］。

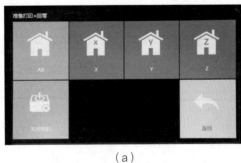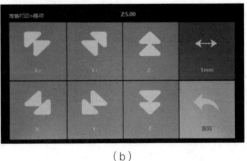

（a）　　　　　　　　　　　　（b）

图 4-208　平台升降
（a）"回零"操作；（b）"移动"操作

4）预热功能

主界面选择预热左下角可选择预热打印头和平台，预热界面如图 4-209 所示。多用于预热换料和堵塞喷头预热更换。

5）开始打印

进入打印界面后，需等待约 2 ~ 4min 使打印头预热。开始打印后主界面显示绿色进度条，进度条左上角显示已打印时间（打印总时长在切片软件上显示），中间位置是喷头温度、热床温度、风扇转速等；右边蓝色条分别是暂停键、停止键和设置键（图 4-210）。断电或者缺料情况下也会自动暂停，待换料或者有电后再按开始即可。

6）换料

换料包括打印前换料和打印过程中换料，两者都需要在预热的前提下完成。在需要中途换料的情况下（图 4-211、图 4-212），要根据 3D 打印机提示进行操作，不能强行进行换料或退料。

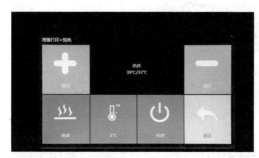

图 4-209 预热界面

图 4-210 开始打印

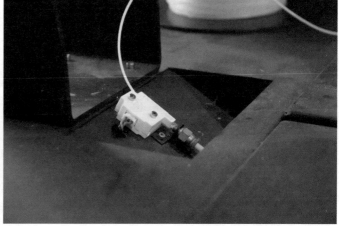

图 4-211 断料报警器处的换料操作

165

7）语言切换

点击设置界面后内可选择语言，内含 7 种语言选择（图 4-213）。

4. 取件与整理

工件打印过程中，应尽量避免触碰工件以及移动打印机。工件打印好后用铲子铲起工件即可，平台不要留有余料杂物，以免影响下次打印。

工件支撑物可以使用工具去除工件，如果支撑物过多可使用刮刀等清理底座，接触面或者粗糙的一面可用打磨机或者砂纸进行美化，如图 4-214 所示。

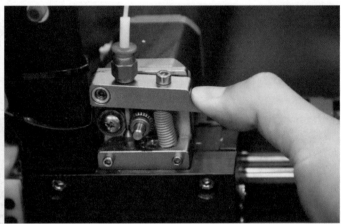

图 4-212　黄铜嘴处的换料操作

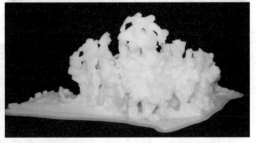

图 4-213　打印机语言设置　　　　图 4-214　打印完成的蒋庄模型

5. 打印机的维护与故障排除

1）打印头维护与拆卸更换

（1）打印头维护

打印头属于易损件，需要注意正确使用，使用过程尽量避免打印头撞击、刷蹭平台和工件。打印不同耗材需按照不同耗材的温度设置使用。因各种耗材熔点温度不一样，一个打印头最好使用同种耗材打印，切忌长期不同熔点的耗材使用同一个打印头，以免导致堵塞。

（2）喷嘴维护

喷嘴位置标有数字 8 即为 0.8mm 喷嘴。一般标准出货配置 0.5mm 或 0.4mm 喷头。喷头大小与打印效果和精细度有一定的影响；喷头大小一般有 0.2mm、0.4mm、0.5mm、0.8mm、1.0mm、1.2mm 几种，数值越大挤出量越大，线条也更粗，速度也更快一些，相对应的精度以及打印效果越差，0.2mm 喷头不可用于尼龙 ABS 等高温材料。

（3）打印头更换

打印头堵塞或者需要更换打印头时，找到工具盒内合适的六角扳手，拧开箭头所指位置螺丝，抽出发热管和探热水晶头，拧松螺丝，抽出整个打印头更换即可（图 4-215）。

（4）材料堵塞

当材料堵塞在上端时，可拆解后抽出堵塞材料。先找到工具盒内合口径六角扳手。拧开上端螺丝即可拆解下，一般材料会堵塞在黄铜入料口喷嘴位置，若能看到材料冒头，预热打印头后用钳子钳起来即可，如果断料较深，还需要拧开齿轮位置螺丝，抽出齿轮，拔出进料黄铜嘴进行操作抽出余料。

2）故障排除

（1）喷头不喷料

当设备喷头不喷料时最大的可能是以下几个问题导致（表 4-14）：

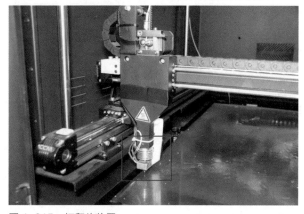

图 4-215　打印头位置

喷头不喷料时的故障排除　　　　　　　　　　　　　　　　　表 4-14

序号	问题	解决方式
①	喷头剐蹭平台	重新手动调平
②	打印头堵塞	按上文进行更换打印头
③	材料没有正确填装	材料一定要经过齿轮插入黄铜嘴插到底部
④	材料温度设置不对	按正确设置或询问售后人员设置参数

（2）温度显示异常

打印头不加温或温度显示异常时，一般是打印头加热模块排线插口出现故障报错，亦或加热排线出现故障，出现此问题需要联系售后人员进行排除更换。

（3）材料挤压溢出

出现此种情况，一般是因为温度设置过高或者周边环境温度过高，所以打印 PLA 材料时打印头温度不宜过高，建议打开盖子进行打印；或可能是电机过热导致溢出，需要联系售后人员进行更换电机。

（4）空打

打印头空速打印的原因是平台偏移或文件格式错误，需要删除原文件重新下载。

（5）自动暂停

如打印途中出现自动暂停现象，可能是停电或材料用完后的自动暂停。同时，也可能是断料报警器故障报错，发出报警声并且报警器模块显示红色灯光，说明报警器出现故障。如想继续使用需把插排拔出，点击继续打印即可继续先使用，用完后应尽快联系售后人员进行更换。以上几个问题解决后只需继续点击打印即可。

（6）剐蹭工件

平台过低、不平会导致打印头剐蹭到工件，进而导致工件烧焦或者移动设备导致平台不平整，或是打印文件格式有问题，需要删除重新装载。

（7）翘边和工件脱离

工件打印过程中出现打印第一层不沾平台和打印中后期出现翘边现象（图 4-216、图 4-217），都属于材料没有粘紧平台、附着力不够导致的情况，也可能是由于喷嘴离平台距离过大，所以一定要按照要求涂一层乳胶于打印平台上（涂在打印范围内即可）。

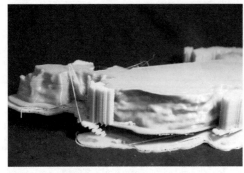

图 4-216　翘边

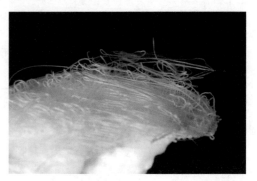

图 4-217　工件脱离

（8）打印头归零没有止位

当打印头 X—Y 轴归零没有停止并不停撞击的时候，原因是限位开关出现问题，需观察位于角落的限位开关，看银色金属拨片是否位移或者断落，尽快和售后人员联系更换。

（9）送料齿轮打滑

打印头送料齿轮一直处于运转状态但材料没有送进去，或者齿轮一直处于打滑状态中，是因为打印头堵塞或电机线出现接触不良导致故障。此问题需要联系售后进行更换电机线。

（10）工件错层和移位

工件打好后，出现有错层、顶端没有打印成功或散脱有以下几个可能（表 4-15）：

工件错层和移位原因　　　　　　　　　　　　　　　　　　表 4-15

序号	问题	解决方式
①	文件格式出现错误	删除内存卡文件重新选择切片
②	打印速度太快	设置切片时打印速度建议不超过 45%
③	材料出现问题	更换其他材料（尼龙 ABS 等材料注意防潮）
④	暂停打印过久	避免停止过久会导致温度、湿度、自然沉降等

第 5 章　测绘成果

5.1　线上展览

5.2　假山置石实体模型展示

5.1　线上展览

5.1.1　数字化档案

1. 置石档案——杭州名石之绉云峰

1）属性信息

（1）责任单位：杭州西湖风景名胜区花港管理处。

（2）历史沿革：绉云峰流转百年，命运多舛。清顺治年间，江南名士查继佐鼓励乞丐吴六奇从军卫国，后吴六奇参军屡建奇功，官至总兵，为报恩赠查继佐绉云峰；查继佐死后，查家衰落，绉云峰随百可园一起易主海盐顾氏；清嘉庆年间，马汶购石，置于马氏庭院；清道光年间石门县城名士蔡锡琳重金购石，捐赠福严禅寺；1963 年，寺院衰落，绉云峰身覆草绳，船运至杭州花圃；1993 年，绉云峰被移往江南名石苑，至今仍在。

（3）尺寸与体量：资料记载，绉云峰高 2.6m，狭腰处宽 0.6m。但通过现场测量，现在的绉云峰体高 2.44m，狭腰处宽仅 0.39m，连同石座高 3.81m，南北宽 3.21m，东西进深 1.73m。

（4）类型与材质：绉云峰是中国四大名石之一，为英石叠置。所谓"英石"，是指广东英德地区出产的赏石，而绉云峰便是明末清初时期用巨舰从广东英德县运到杭州的一座英石峰。英石形成于特定气候条件，在剧烈温差下溶蚀而成，小巧玲珑、花纹如云。宋代杜绾《云林石谱》记载其外观："一微青色，间有白脉笼络；一徽灰黑，一浅绿，各有峰峦，嵌空穿眼，宛转相通。其质稍润，扣之微有声。又一种色白，四面峰峦耸拔，多棱角，稍莹彻，面面有光，可鉴物，扣之无声。"

（5）造型与艺术特色：绉云峰色如铁，嵌空飞动，迂回峭折，细蕴绵联，宛如亭亭玉立的青春少女。侧看，则如一位风姿绰约、瘦削个儿的细腰美人在梳妆，远观，则似一支刺天的铁笔。石的右边刻有"皴云"两个篆体字，左下方"绉云峰"三字，系近代著名书法家张宗祥手笔。石的背后有"具云龙势，夺造化工；来自海外，永镇天中"字样。

绉云峰具有山石典型的"透、瘦、皱、漏"美，一派天趣。石的全身曲折多变，有"形同云立，纹比波摇"的天趣。其中，绉云峰的"瘦"美更是体现得淋漓尽致，清代程庭鹭《书绉云石图后》称："绉云石高一丈三尺有奇，为洞大小凡十余处，中间故作一折，复亭亭而上，正如春云初起，万叠争飞，嵌空玲珑，莫可名状。"

（6）维护管理现状：随着绉云峰的流转及社会开放，峰体受人为干预较多，略有破损。置石立峰出现基础沉降、石体风化、间缝渗漏等危害，目前以水泥填缝等粗糙措施为主的抢救性保护并不能较好的还原其纹理特征。此外，植物遮挡问题也不容忽视。

2）二维图像信息

（1）绉云峰置石位置（图5-1）

（2）绉云峰立面展示（图5-2）

（3）绉云峰细节展示（图5-3）

（4）绉云峰维护管理现状（图5-4）

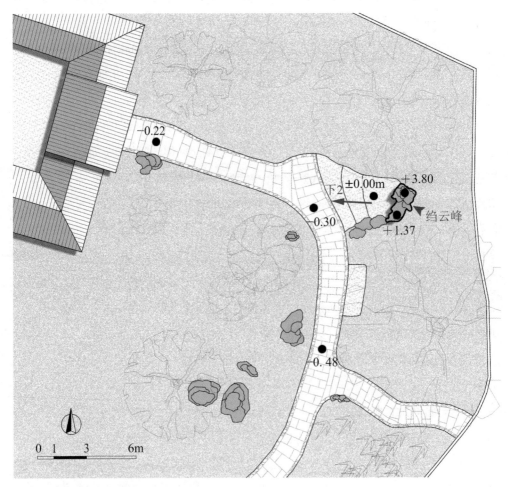

图5-1 绉云峰置石位置

图 5-2　绉云峰立面展示

图 5-3　绉云峰细节展示

图 5-4　绉云峰维护管理现状

3）3D 模型信息

（1）绉云峰模型顶视（图 5-5、图 5-6）

（2）绉云峰模型局部展示（图 5-7）

图 5-5　绉云峰立面

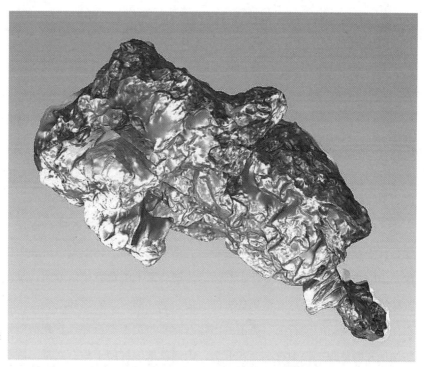

图 5-6　绉云峰
顶视

图 5-7　绉云峰
模型局部展示

2. 假山档案——杭州黄龙洞黄石假山

1）属性信息

（1）责任单位：杭州市西湖风景名胜区岳庙管理处。

（2）年代：黄龙洞由慧开禅师于南宋淳祐年间创建，最初为佛寺。

（3）匠人：清晚期由江浙工匠所叠，后在20世纪60年代由杭州市园林局的第二代假山工匠张金如、陈大伟等修复。

（4）尺寸与体量：黄龙洞的假山是目前西湖假山洞景中规模最大的一处，占地面积约1000m²。

（5）类型与材质：黄龙洞的石材大部分选用杭州的地方性石材——红砂岩，杭派叠石行中习称"红石"或"杭州黄石"，是历代杭州园林中黄石类叠山中所常见，是园林叠山中非常具有特征的一种山石品。传统意义上的黄石棱角分明，呈现出苍劲古拙、质朴雄浑的外貌特征，并不具备太湖石瘦、透、漏、皱的柔和之美。

杭州西湖边的宝石山、孤山的山体石质亦与黄石类石种具有相似质地，在营造建筑与场地开凿整理过程中有小面积开凿，因而就地取材用于叠石造景。因石性质地稍有别于其他产地，其石质少横平竖直的自然裂纹，色泽似"粉褐色"，多以因外力开凿而引发的震裂线形，呈整体岩溶性状，自然山形岩体整体性强，如是爆破式开凿，能出现大块面分裂单体，用此类开采石能堆叠出较为大气完整的岩壁和山体，与自然山岩浑然一体、混假于真，体现出杭州园林叠石中刚柔并济的特质。

（6）周边环境：岳庙而上，沿山径蜿蜒而行，可见左右群山峙立，道旁翠竹千竿摇曳生姿。经剑门关、紫云洞、白沙泉，便可抵达黄龙洞。黄龙洞深处林泉幽静，石潭倒映碧翠，亭廊精巧。黄龙洞掇山主要分布在月老祠南部、东部山腰和山脚处，掇山就地取材，巧妙构筑出洞壑、流水悬泉，展现出"黄龙吐翠"的幽雅境地。

黄龙洞的建筑坐东朝西，为两进式建筑院落。院落的南侧为黄龙洞的主要庭院，由建筑界面和陡峭的石壁假山所围合而成。庭院的平面近似一个直角三角形。院落空间以水池为中心展开，以陡峭石壁和亭廊假山围合，其中巧妙地布置黄石假山，形成了绝世幽谧之感。环绕水池的湖石绕过三清殿后向东北角延伸，依山就势堆叠。在池潭北面，自游廊向南望去，池南岸依山势构筑石壁假山，并于山巅设置一尊黄龙头，引栖霞岭之泉水入龙头，形成蛟龙吐水的景观，泉水层层悬垂而下，最终汇聚于底部池潭，形成"瀑—潭—池"的自然景观序列。水池的北侧与建筑游廊紧密相邻，四周被山石所环抱，呈现出曲折有致的岸线。瀑布底部的水潭中矗立着一座石峰，成为整个洞天景观中的内聚焦点。

（7）造型与艺术特色：现存的两组叠石假山，可看作一组台地园与一组山石瀑布，二者以山石蹬道相连。台地园位于水池东侧，假山向北延伸，绕过正殿后在东北角堆叠成山体，建亭榭点缀环境，形成一处山地小园林。假山中洞穴蜿蜒，设磴道将整个环境相联系。假山形态各异，或孤峰独立，或聚众造型，或堆砌成山，与周围山林环境融为一体，浑然天成。远远看去黄龙洞假山依真山山壁而起，延续山势起伏之状，随形就势，布置蹬道拾级而上，逶迤重叠，宛若龙腾，深入假山后，山势堆叠精巧，空灵剔透，山石磴道曲折迷离，充满了天然野趣。

黄龙吐翠空间虽小但极富变化。自正殿东北面的平台向小潭行进，映入眼帘的是 3 条景致各不相同的小径。左侧是向上行的山石蹬道，蜿蜒登高至一山腰平台，泉流声如鸣佩环，透过假山孔洞可近观龙头、俯瞰水院；中间的小径向内进入山洞，斗折蛇行，洞内不全暗，可透过假山孔洞窥视一二，行至另一侧洞口直通折桥，即达瀑布；右侧是碎石铺地的临池步道，两侧的驳岸与假山，青树翠蔓，蒙络摇缀，参差披拂，向右前方约 10 步方可观小潭全貌，身临其境，走过汀步由左前方蹬道向上，即达鹤止亭。从白沙泉引来的泉水，由石刻龙头中吐出形成多层的蛟龙吐水景观。池岸叠石为洞，水里置汀步、架石桥，与亭廊相连。山石汀步是假山临水一侧特有功能与造景相合的布石。此处水面中汀步既是山石景，也是山脚的延续部分，临水设置，飘浮于水面之中，有丰富山与水之间的虚实景致，又具有游赏途径的交通功能，调节山水肌理与水石节奏韵律，似如棋盘闲子重卒。

目前位于半山处的黄龙洞，正是清末由粤东道士募资重建。洞内侧护坡成直壁，外侧护坡为勾搭环孔式，以自然洞穴为蓝本，洞壑深幽，曲径蜿蜒，将自然洞穴与人工洞室融为一体，做到以假乱真，宛若真山之势态，呈现一派天然趣味。山石蹬道因势随形，讲求藏漏折曲，又在转角平台处点石立峰，间植乔木，遮掩视线，局部构景同样注重起伏错落，深远层次，构成天然山水画之一隅。山石之间虚实变化还可以为植物生长预留充足空间，可见在艺术理景之外叠山匠人的深虑远见。

（8）工法特点：黄龙洞的假山在建造之初即遵循就近择石原则，没有使用太湖石，而是用红砂岩顺应天然地势砌筑而成，与玲珑细润、变化多姿的太湖石叠山相比，更显质朴古拙、沉稳厚重。用黄石仿太湖石傍山堆叠，作溶洞状，山石之间以洞相衔，既有古意又不堆砌,既有洞天福地的庄重天成之感,又有湖石林野的巧趣之思。其纹理、色彩、气质都与天然岩体一致,力图将堆叠的假山与周边环境相互融合,既体现出地域特色,又可混假山假石于栖霞岭真山真水之中。例如黄龙洞水池驳岸的砌筑方式,即是借黄石的挎接搭连技巧,营造出湖石透漏之感,化直壁为曲岸,变密石为疏孔。驳岸之下为空灵潭水,之上为四方建筑,以黄石为材料结合湖石的玲珑,既保证了驳岸的坚固耐久,又不至呆滞死板,可谓匠心独具。

(9)维护管理现状:该假山归属杭州市西湖风景名胜区岳庙管理处管辖。假山现状整体宏伟壮丽,但部分山体存在碎石脱落的情况,修缮痕迹明显突兀,填补接缝处的泥料颜色与山石差异较大,破坏假山整体观感;且月老祠后假山蹬道存在山石掉落的情况,经实地考察,部分山石拼接部分风化严重,有坠落的可能性,亟需修缮,目前假山蹬道已不向游客开放,维护管理情况较差。

2)二维图像信息

(1)黄龙洞假山位置(图5-8)及蹬道平面(图5-9)

(2)假山材质(图5-10)

(3)周边环境(图5-11)

(4)造型与艺术特色(图5-12~图5-14)

(5)工法特点(图5-15)

(6)维护管理现状(图5-16~图5-18)

①山门　⑫鹤止亭
②厕所　⑬长乐亭
③刘海戏蟾　⑭黄大仙洞
④投缘池　⑮黄龙洞
⑤禧园大舞台　⑯惜缘亭
⑥新竹园　⑰圆缘台
⑦茶水室　⑱明轩
⑧月老祠　⑲结缘亭
⑨方竹园　⑳聚缘楼
⑩黄龙吐翠
⑪香梅亭

图5-8　黄龙洞假山位置

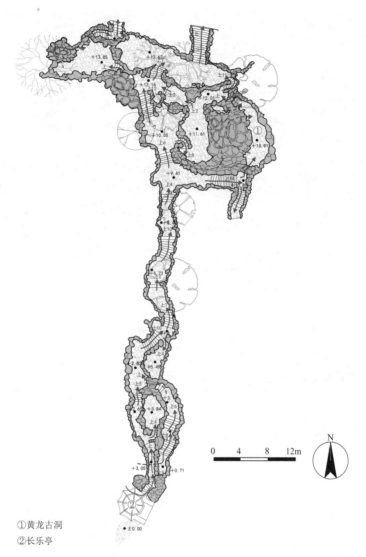

①黄龙古洞
②长乐亭

图 5-9　黄龙洞假山蹬道平面

图 5-10　黄龙洞假山材质

图 5-11　黄龙洞假山周边环境

图 5-12　造型各异的假山置石

图 5-13　"黄龙吐翠"造型艺术

图 5-14　山洞技艺特色

图 5-15　假山工法特点展示

图 5-16　近期修缮信息保存

图 5-17　山石剥落现象记录

图 5-18　因修缮暂停游客参观信息的保存

3）3D 模型信息

（1）假山三维数字模型整体效果（图 5-19、图 5-20）

（2）假山三维数字模型局部展示（图 5-21）

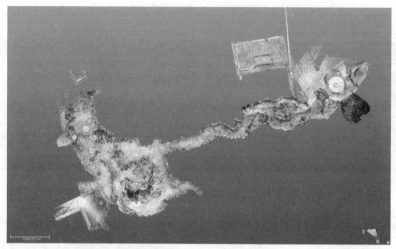

图 5-19　假山三维数字模型顶视展示

图 5-20　假山三维数字模型整体展示

图 5-21　假山三维数字模型局部展示

5.1.2　小程序科普展示

1. 小程序增设
1）小程序开发

小程序（或"轻应用"）是一种可以在特定平台上运行的应用程序，用户可以在不用下载安装的情况下直接使用。目前，微信小程序、支付宝小程序等是使用最为广泛的平台，为开发者提供了强大的开发工具和丰富的 API，使得小程序的开发变得相对容易。微信小程序开发流程如图 5-22 所示：

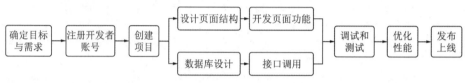

图 5-22　微信小程序开发流程

小程序的使用便捷、储存空间小、加载速度快、能保留用户活跃度、便于分享与推广等的优势，使得其在移动应用开发领域发展迅速。这也为具有深厚文化底蕴和艺术价值的假山遗产的数字化展示带来了更多可能。

（1）增强虚拟实境体验

小程序结合 AR（增强现实）技术，可通过手机摄像头实时显示假山置石场景，并在屏幕上叠加假山置石基本尺度属性以及其他数字化信息，让用户获得身临其境的虚拟实境体验。这将使得假山遗产不受时间、地域、气候等条件限制，可全天候的向公众展示。

（2）推动文化传承与教育

对假山遗产的历史进行梳理（影像资料、解说音频等），结合 3D 模型，让用户进行自由浏览，了解假山历史与文化背景以及艺术特色，提升用户参与度与学习体验，这对高校、相关的科研工作者等具有重要的教育意义。

（3）拓展数字文创产业

数字化展示也为文创产业提供了契机。通过开发假山相关数字化产品、实体纪念品等，不仅能够增加假山遗产的知名度，也可以为相关产业带来经济效益。

（4）提升地方旅游吸引力

通过数字化导览，用户能够自主探索假山遗产，更多的了解假山所在背后的文化故事，这将使得小程序成为提升地方旅游吸引力的导览工具，从而提升游览的体验。

2）3D 模型接入

3D 模型接入流程如图 5-23 所示。

（1）准备假山置石 3D 模型

需要提前准备好在小程序中所要展示的 3D 模型文件，常见的 3D 模型文件格式包括 ".fbx"".obj"".ply"".stl"".3ds" 等（图 5-24）。

（2）导入并加载 3D 模型库

可以使用微信小程序中开源的 3D 引擎库，如 Three.js、Babylon.js、Skyline 等。选择一个合适的引擎库导入小程序项目中。

（3）加载和显示 3D 模型

使用选择的 3D 引擎库中相应的 API 来加载和显示 3D 模型，并设置其材质与纹理，最后对模型进行渲染（图 5-25）。

（4）处理交互和控制

为用户提供与 3D 模型的交互功能，如旋转、平移、缩放等，这些交互功能可以通过引擎库相应的 API 实现（图 5-26）。

（5）优化性能和操作体验

由于模型储存体积大，或纹理复杂、细节显示较多等，导致模型浏览卡顿等问题，因而需要优化操作体验。可以进行简化模型三角形数量，或压缩模型纹理，简化模型细节等操作。

图 5-23　3D 模型接入流程

图 5-24　3D 模型文件格式示例

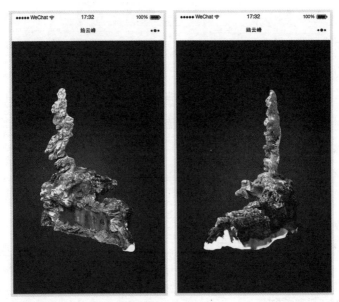

图5-25　加载和显示3D模型示例

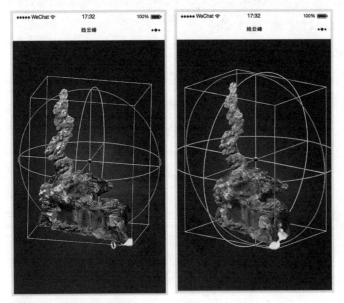

图5-26　处理交互和控制

3）小程序界面设计

根据需求，将小程序开发出"首页"［图5-27（a）］、"模型列表"［图5-27（b）］、
"我的"［图5-27（c）］三大板块。"首页"板块中包括"团队介绍""团队动态""模
型列表""团队成果"四大功能，主要用作展示和分享科研成果，以及帮助用户了解科

图 5-27　小程序界面设计

（a）首页；（b）模型列表；（c）我的

研团队；"模型列表"为小程序核心板块，包括"置石模型"与"假山模型"两个子分类，重点展示假山置石三维数字模型，包括基本信息、尺度属性、孔洞数量、皴纹褶皱变化、假山或置石石材等内容；"我的"板块为用户提供登录入口，以及小程序优化建议与功能反馈的入口。

2. 置石 3D 模型

1）绉云峰基本信息

绉云峰基本信息如图 5-28 所示：

2）绉云峰尺度信息

绉云峰尺度信息如图 5-29 所示：

3）绉云峰皴褶特征量化信息

绉云峰皴褶特征量化信息如图 5-30 所示：

图 5-28　绉云峰基本信息

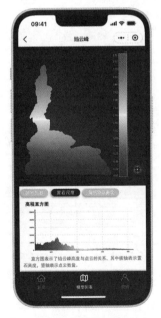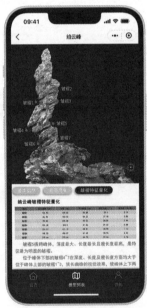

图 5-29　绉云峰尺度信息　　　　图 5-30　绉云峰皱褶特征量化信息

3. 假山 3D 模型

1）蒋庄假山基本信息

蒋庄假山基本信息如图 5-31 所示：

2）蒋庄假山尺度信息

蒋庄假山尺度信息如图 5-32 所示：

3）蒋庄假山洞体特征信息

蒋庄假山洞体特征信息如图 5-33 所示：

图 5-31　蒋庄假山基本信息

图 5-32　蒋庄假山尺度信息

图 5-33　蒋庄假山洞体特征信息

5.2　假山置石实体模型展示

5.2.1　仙人峰置石模型

　　仙人峰位于杭州孤山文澜阁，体量较大，通过架站式三维扫描仪扫描和无人机近景摄影相结合的方式获取点云数据建模（图5-34、图5-35）。模型打印可自定义模型色彩与模型比例（图5-36、图5-37）。

图 5-34　仙人峰

图 5-35　仙人峰 3D 打印模型

图 5-36　3D 打印彩色模型

图 5-37　不同比例 3D 模型

5.2.2　蒋庄假山模型

蒋庄位于花港公园内，东临西湖小南湖。蒋庄之假山，为太湖石山水假山，整座假山均选用太湖石料，运用旱地堆叠的手法，东侧紧挨自然居南墙，主峰和次峰前后相错，嶙峋奇耸，整体呈围合环抱之势（图 5-38）。蒋庄假山 3D 打印模型如图 5-39 所示：

图 5-38　蒋庄假山

图 5-39　蒋庄假山 3D 打印模型

5.2.3　其他模型

1. 神运石

神运石与其 3D 打印模型如图 5-40、图 5-41 所示：

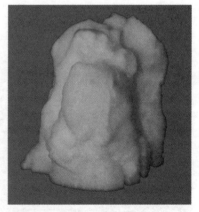

图 5-40　神运石 　　　　　　　　　　　　　　图 5-41　神运石 3D 打印模型

2. 绉云峰

绉云峰与其 3D 打印模型如图 5-42、图 5-43 所示：

图 5-42　绉云峰

图 5-43　绉云峰 3D 打印模型

3. 石湖蟹

石湖蟹与其 3D 打印模型如图 5-44、图 5-45 所示：

图 5-44　石湖蟹

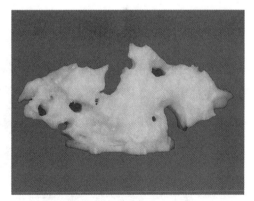

图 5-45　石湖蟹 3D 打印模型

4. 九狮石

九狮石与其 3D 打印模型如图 5-46、图 5-47 所示：

 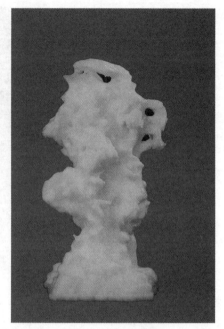

图 5-46　九狮石　　　　　　　　　　　　　图 5-47　九狮石 3D 打印模型

5. 绿云径

绿云径与其 3D 打印模型如图 5-48、图 5-49 所示：

图 5-48　绿云径　　　　　　　　　　　　　图 5-49　绿云径 3D 打印模型

6. 美女照镜

美女照镜与其 3D 打印模型如图 5-50、图 5-51 所示：

196

图 5-50 美女照镜 图 5-51 美女照镜 3D 打印模型

7. 黄龙吐翠

黄龙吐翠与其 3D 打印模型如图 5-52、图 5-53 所示：

8. 寿石

寿石与其 3D 打印模型如图 5-54、图 5-55 所示：

图 5-52 黄龙吐翠

图 5-53 黄龙吐翠 3D 打印模型

图 5-54 寿石

图 5-55 寿石 3D 打印模型

附　录

本书中相关设备或软件使用基本条件

设备类型	文中相关技术	可用设备	基本条件
硬件设备	近景摄影技术	佳能 EOS 77D	（1）相机类型 中端单反； （2）有效像素 2420 万； （3）最高分辨率 6000×4000； （4）传感器尺寸 APS-C 画幅（22.3mm×14.9mm）； （5）影像处理器 DIGIC 7； （6）拍摄功能 支持最高约 6 张 /s 的高速连拍和最高约 3 张 /s 的低速连拍； 电子防抖，全高清（1080P）拍摄； （7）配套镜头 EF-S 18-135mm *f*/3.5-5.6 IS
	倾斜摄影技术	大疆御 Mavic Air 2	（1）工作环境温度 −10 ~ 40℃； （2）机载内存 8GB； （3）影像传感器 1/2.0 英寸 cmos，有效像素 4800 万； （4）镜头 视角：82°； 等效焦距：24mm； 光圈：*f*/1.7； 对焦点：1m 至无穷远； （5）录像分辨率 H.264/H.265； 4K：3840×2160@24/25/30/48/50/60/100*fps； FHD：1920×1080@24/25/30/48/50//60/100*/200*fps； 竖拍 2.7K：1512×2688@24/25/30/48/50/60fps； 竖拍 FHD：1080×1920@24/25/30/48/50/60fps

设备类型	文中相关技术	可用设备	基本条件
硬件设备	三维扫描技术	FARO Focus S350	（1）扫描范围 350m； （2）距离精度 ±1mm； 测角精度9″； （3）最大测距 350m； 最小测距：0.6m； （4）扫描速度 122 000 ~ 976 000pts/s； 最大垂直扫描速度：97Hz； （5）视野范围 360×300（水平 × 垂直）
软件设备	点云拼接软件	FARO SCENE	（1）硬件 Intel Core i7/i9/Xeon 处理器，8 个物理内核，64GB 内存，OpenGL 4.3，1TB 固态硬盘 + 普通硬盘，屏幕分辨率 1920×1080 像素； （2）显卡 OpenGL 4.3、DirectX 11功能级 11.0 或更高版本的专用图形卡，至少 8GB 内存； （3）操作系统 64 位 Windows 10
		Trimble RealWorks	（1）硬件 处理器最低或高于 2.8Ghz（4 核心），内存最少 8GB； （2）显卡 兼容 OpenGL 3.2，至少 1GB 显存； （3）操作系统 Microsoft Windows 7、8—64 位
软件设备	照片建模软件	Agisoft Metashape	CPU：英特尔 4-12 核，AMD 或 Apple M1/M2 处理器，2.0+GHz； RAM：16-32GB； GPU：NVIDIA 或 AMD GPU，配 1024+ 统一着色器
	点云封装软件	Geomagic Wrap	（1）硬件 CPU：Intel Core2 2GHz 或兼容 CPU 推荐 2G 4 核或 8 核 CPU； 内存：32 位版本最低 1GB； 硬盘：最低 10GB 可用空间； （2）显卡 Nvidia Quadro FX 4800 以上或 ATI FirePro V8700； （3）操作系统 Windows 7 与 8 适用于 32 位系统，Windows 7、8 与 10 适用于 64 位系统

设备类型	文中相关技术	可用设备	基本条件
软件设备	模型切片软件	IdeaMaker	（1）硬件 英特尔酷睿 2 或 AMD Athlon 64 处理器； 2GHz 或更快的处理器； 建议 8GB 内存，至少 2GB 2.0GB 或更多可用硬盘空间； （2）操作系统 微软 Windows XP 或更高版本，推荐 64 位； Mac OS X v10.10 或更高版本； Ubuntu 14.04 或更高版本
		Bambu Studio	（1）硬件 英特尔酷睿 2 或 AMD Athlon 64 处理器； 2GHz 或更快的处理器； 建议 8GB 内存，至少 2GB 2.0GB 或更多可用硬盘空间； （2）操作系统 微软 Windows XP 或更高版本，推荐 64 位； Mac OS X v10.10 或更高版本

参考文献

[1] 唐全明. 杭州非遗叠石技艺 [M]. 杭州西泠印社出版社，2022.

[2] 孙俭争. 古建筑假山 [M]. 北京：中国建筑工业出版社，2004.

[3] 韩雪萍；韩杨译. 山石韩叠山技艺 [M]. 北京：北京美术摄影出版社，2019.

[4] 孟兆祯. 园衍 [M]. 北京：中国建筑工业出版社，2012.

[5] 林卉，王仁礼. 数字摄影测量学 [M]. 徐州：中国矿业大学出版社，2015.

[6] 官建军，李建明，苟胜国，等. 无人机遥感测绘技术及应用 [M]. 西安：西北工业大学出版社，2018.

[7] 顾海锋. 基于无人机倾斜摄影的化工园三维精细建模 [D]. 南京：南京信息工程大学，2021.

[8] 李策. 基于 ContextCapture 倾斜摄影三维建模关键技术研究 [D]. 唐山：华北理工大学，2019.

[9] 王壮壮. 倾斜摄影三维模型构建及其优化研究 [D]. 赣州：江西理工大学，2021.

[10] 冶运涛，蒋云钟，梁犁丽，等. 虚拟流域环境理论技术研究与应用 [M]. 北京：海洋出版社，2019.

[11] 李强. 基于空天地数据集成的甘肃金川矿区地表沉降监测 [D]. 绵阳：西南科技大学，2020.

[12] 常晓艳. 无人机倾斜摄影测量技术在地灾监测中的应用 [D]. 秦皇岛：燕山大学，2021.

[13] 韦通. 无人机倾斜摄影测量建模在城市规划中的应用 [J]. 智能城市，2022，8（09）：77-79.

[14] 徐文兵，赵红. 数字地形图测绘原理与方法 [M]. 北京：原子能出版社，2021.

[15] 杨胜炎. 建筑工程测量 [M]. 北京：北京理工大学出版社，2021.

[16] 刘仁钊，马啸编. 高等职业教育测绘地理信息类十三五规划教材 无人机倾斜摄影测绘技术 [M]. 武汉：武汉大学出版社，2021.

[17] 段延松. 无人机测绘生产 [M]. 武汉：武汉大学出版社，2019.

[18] 李恒凯，李子阳，武镇邦. 普通高等教育十四五规划教材 三维数字化建模技术与应用 [M]. 北京：冶金工业出版社，2021.

[19] 周美川. 现代工程测量技术应用——以麦积山历史文化遗迹为例 [M]. 武汉：武汉大学出版社，2022.

[20] 唐大全，鹿珂珂. 无人机导航与控制 [M]. 北京：北京航空航天大学出版社，2021.

[21] 汪金花，李孟倩，贾玉娜. 测量学通用基础教程 第 3 版 [M]. 北京：中国测绘出版社，2020.

[22] 张昆.专业学位研究生实验课程 荟萃篇 [M].武汉：华中科技大学出版社，2017.

[23] 陈恒恒.倾斜摄影测量技术在拆迁测绘中的应用 [J].智能城市，2020，第 6 卷（12）：65-66.

[24] 齐欣.摄影技艺经典 [M].上海：上海人民美术出版社，2020.

[25] 星锋锋.基于 Context Capture 软件的倾斜实景三维模型制作技术探讨 [J].科技与创新，2022（17）：4-6+9.

[26] 蔡亮，王蒙蒙.基于 Context Capture 的无人机倾斜摄影三维建模及精度分析 [J].建筑，2020（03）：74-76.

[27] 田世华.倾斜摄影自动化批量建模软件 PhotoMesh 在地形测绘中的应用 [J].测绘与空间地理信息，2020，43（11）：197-198+203.

[28] 王审娟.基于 Mirauge3D 和 Context Capture 的无人机倾斜摄影空中三角测量优化研究 [J].甘肃科技，2022，38（03）：55-58.

[29] 刘广文.Tekla 与 Bentley Bim 软件应用 [M].上海：同济大学出版社，2017.

[30] 马国伟，王里.水泥基材料 3D 打印关键技术 [M].北京：中国建材工业出版社，2019.

[31] 梁慧琳.苏州环秀山庄园林三维数字化信息研究 [D].南京：南京林业大学，2018.

[32] 于五星.BIM 常用词汇集解 [M].北京：中国商业出版社，2019.

[33] 崔鹏，任心怡.基于点云数据的博闻楼三维模型构建 [J].辽宁科技学院学报，2022，24（03）：34-35+66.

[34] 王月幸.BIM 典型工程应用案例分析 [M].北京：中国铁道出版社，2020.

[35] 谢宏全，等.激光雷达测绘技术与应用 [M].武汉：武汉大学出版社，2018.

[36] 李文佐.园林工人技术理论教材——园林假山 [M].江苏：江苏省苏州市园林管理处，1984.